COMMENTAIRE

À L'ESQUISSE OROGRAPHIQUE

DE L'EUROPE.

COMMENTAIRE

À L'ESQUISSE OROGRAPHIQUE DE L'EUROPE.

COMMENTAIRE

À L'ESQUISSE OROGRAPHIQUE DE L'EUROPE,

PAR

O. N. OLSEN,

CAPITAINE D'ARTILLERIE, LECTEUR EN TOPOGRAPHIE À L'ÉCOLE SUPÉRIEURE MILITAIRE DE COPENHAGUE, CHEVALIER DE L'ORDRE DE DANNEBROGUE.

"IF ANY THING COULD BE DONE TWICE,
EVERY ONE WOULD BE HAPPY AND WISE."

COPENHAGUE.

IMPRIMERIE DE BIANCO LUNO & SCHNEIDER.

1855.

AVANT - PROPOS.

En hasardant la publication de mon Esquisse orographique de l'Europe, je ne sens que trop combien elle a besoin d'un accueil indulgent. Aussi me crois-je obligé de faire mention, en peu de mots, du point de vue sous lequel je désire qu'on envisage mon travail.

A l'occasion d'un concours, ouvert par la Société de géographie à Paris, en **1824**, **Mr. Bredsdorff**, alors lecteur en minéralogie à l'Université de Copenhague, et moi, nous presentâmes à la dite Société, une orographie de l'Europe, composée d'une dissertation et d'une carte orographique générale. La Société daigna nous accorder pour prix de notre essai une médaille d'or de **600** fr., et, par-là, nous encouragea à reprendre l'ouvrage de nouveau, et à suppléer aux défauts, que nous n'avions pu éviter, parce que le temps, déterminé par la Société, était, au moins pour nous, extrêmement limité. La Société fit même prendre une calque de la carte agréée, pour notre usage futur, et donna par conséquent l'origine à l'Esquisse, qu'on hasarde aujourd'hui de mettre sous les yeux d'un public éclairé et connaisseur.

Cependant en suppléant aux défauts sur la calque elle-même, nous trouvâmes bientôt des obstacles presque insurmontables, qui nous forcèrent à soumettre la partie orographique, la partie essentielle de la Carte, à une réforme totale, et, au lieu de donner le relief des montagnes seulement par des hachures de lignes de plus grande pente, comme sur la feuille de 1824, nous nous proposâmes d'y joindre les courbes horizontales et équidistantes, enfin, de ne garder de l'ancienne carte que le réseau géographique et quelques parties hydrographiques, que nous estimâmes assez exactes.

La Société des sciences de Copenhague seconda puissamment notre nouveau travail, et plusieurs de ses membres savants daignèrent lui accorder une attention particulière.

Mais l'ouvrage, à peine commencé, essuya un retard fâcheux par l'éloignement de mon coopérateur, qui fut nommé professeur à l'Académie de Soröe, de sorte que je restais seul pour exécuter le travail; et, quoique depuis j'aie redoublé d'efforts pour remplir nos obligations, l'ouvrage ne se ressent que trop de l'absence de mon savant et habile collègue.

Un autre retard a été occasioné par ma nomination au poste de lecteur en topographie à l'Ecole Supérieure Militaire de Copenhague, emploi qui a absorbé la plupart de mon temps.

Ce sont surtout ces raisons qui ont fait que la publication de la Carte, annoncée pour 1829-30, a été retardée d'environ trois ans; retard, que je prie de ne pas perdre de vue, parce que la géographie physique, faisant de grands progrès chaque année, les rapports orographiques, qu'on a crus les plus exacts en 1829-30, ne le sont plus tout-à-fait en 1832-33, en conséquence des nouvelles mesures & recherches, faites pendant cet espace de temps. Voilà pourquoi la Carte date de 1830, quoiqu'elle paraisse 3 ans plus tard, et voilà aussi pourquoi on trouve dans ce Commentaire quelques cotes de hauteurs, qui ne s'accordent pas entièrement avec celles des petits tableaux sur la Carte elle-même. Cependant j'ai tâché de remédier à cet inconvénient pendant l'exécution de la gravure, et je me flatte aussi d'y avoir fait quelques améliorations. Mais j'avoue qu'il y a néanmoins quelques endroits défectueux, et, qu'en général, il reste encore beaucoup à faire.

J'ai essayé, comme je l'ai déjà dit, de représenter les rapports orographiques par des courbes horizontales & équidistantes. J'ignore si, depuis le temps de Dupain-Triel, qui en 1728 exécuta de cette manière une carte orographique de la France, on a fait usage de cette méthode en grand. Peut-être qu'on n'a pas cru avoir eu un assez grand nombre de points nivelés pour construire avec exactitude les courbes nécessaires, ce qui était vraiment le cas avec Dupain-Triel, et le sera encore long-temps pour la plupart des pays, lorsqu'on ne voudra pas se servir de très-grandes équidistances; peut-être aussi a-t-on trouvé peu propre l'application de cette méthode aux petites échelles, parce qu'elle n'y serait qu'aux dépens de l'exactitude, et que c'est précisément l'exactitude qui doit caractériser cette méthode. Quoiqu'il en soit, ces raisons ne m'ont pas paru suffisantes: je pense, qu'on a assez de points nivelés, du moins pour la plupart des pays de l'Europe, si l'on se borne à donner un croquis orographique général avec des équidistances de 1000 pieds; aussi je ne vais pas plus loin avec mon Esquisse. D'un autre côté, je ne vois pas non plus pourquoi on ne pourrait pas employer cette méthode aussi bien que celle des lignes de plus grande pente, dont on se sert presque partout, et qui, dans le principe, doit être aussi exacte que l'autre. Il se peut qu'en faisant choix des hachures convenables, elle se présenterait mieux à la vue; mais cet avantage s'obtient mieux encore en réunissant les deux méthodes, comme sur la feuille des hachures de mon Esquisse. Le mieux serait de former un exemplaire complet de deux feuilles, l'une seulement avec des courbes horizontales et l'autre avec des hachures; mais cela aurait exigé deux constructions, deux planches de cuivre &c., ce qui, tout en rendant l'ouvrage plus beau et plus élégant, l'aurait rendu plus coûteux, sans le rendre en réalité plus utile. Le grand avantage de la méthode des courbes horizontales et équidistantes est sans doute de donner avec beaucoup de facilité les rapports de hauteur, tant absolus que relatifs, des montagnes, et que par elle on peut se passer des profils, dont on se sert communément, mais qui, selon moi, amènent plus ou moins d'erreur dans la représentation, selon que le rapport de l'échelle de leur hauteur et de leur base est plus ou moins grand. Voilà le motif essentiel de l'adoption de cette méthode pour mon Esquisse orographique.

Pour ne pas gâter le détail des rapports orographiques, surtout dans les groupes de montagnes les plus compliqués, on s'est dispensé de mettre les noms généraux de ces groupes sur les masses même. Mais on les a mis sur les petits tableaux mentionnés, qui se trouvent à gauche au haut de la feuille, et où l'on trouve sous les noms généraux un nombre de points suffisant pour s'orienter dans les masses en question. Si l'on cherchait dans le système Alpique une des subdivisions, les Alpes Juliennes, p. ex., on verrait dans les petits tableaux, qu'il faut les chercher entre les points de Mont-Maggiore, de Steiner Alpe et de Mont-Terglou, &c. Par le moyen des tableaux de ce Commentaire on les trouvera encore plus complètement indiquées, surtout sur les exemplaires, où l'on a employé le coloris orographique.

Entre le nombre des cotes ou points nivelés, dont je dispose, et qui se monte à une vingtaine de milliers, j'ai seulement choisi pour l'Écriture ceux, qui pourraient le mieux possible caractériser les hauteurs culminantes, l'élévation moyenne et les bases des montagnes, en un mot, les rapports orographiques essentiels. Aussi quelques cotes de hauteurs sont prises le long des plus grands fleuves, pour indiquer leur pente, depuis leurs sources jusqu'à leurs embouchures. Mais quoique je n'aie pu, faute d'espace, écrire sur l'Esquisse les autres cotes mentionnées, j'en ai néanmoins fait usage, en tirant mes courbes. Effectivement j'ai eu assez de matériaux pour arriver à ce but pour la plupart des pays, et même pour quelques parties de l'Allemagne, des Alpes, de la France, &c., j'en ai eu en abondance; quoique, d'un autre côté, je doive avouer qu'il y a des parties, et entre autres la Turquie, pour lesquelles les matériaux ont presque entièrement manqué. On y trouvera par cette raison des courbes coupées (ou à petits traits), signe d'incertitude.

Où je n'ai pas connu l'exacte position géographique d'un point nivelé, mais bien celle d'une ville de même nom et située dans le voisinage, j'ai tâché de donner, en indiquant celle-ci, une idée de celle de la cote nivelée elle-même. Communément les hauteurs de ces villes sont aussi connues; cependant il y a des exceptions.

Quant à l'échelle peu usitée de 1: 6543100, elle a été une suite nécessaire du désir de garder le réseau géographique mentionné de l'ancienne carte. Quant à l'orientation oblique de l'Esquisse, elle vient de ce que j'ai coupé du réseau en question la plus grande partie de la plaine Russe, qui était, au moins pour moi, presque inconnue, considérée orographiquement. Quoique cette orientation ne soit pas non plus conforme à la théorie ordinaire de la construction des cartes, on aurait eu, en gardant cette immense plaine, une feuille plus grande de moitié, et par conséquent une esquisse bien plus incommode et plus coûteuse, qui n'en serait pas plus intéressante pour l'orographie.

Il est incontestable que mon Esquisse ne présente pas immédiatement une utilité hydrographique. Toutefois, comme les principaux cours d'eau y sont indiqués, un connaisseur de terrain en déduirait assez facilement, à l'aide des rapports orographiques, les pentes des fleuves, leurs thalwegs, leurs bords, et autres objets hydrographiques. D'ailleurs le coup d'oeil en grand à cet égard pourrait être facilité par des couleurs hydrographiques, telles que je les ai employées sur quelques exemplaires pour les grands bassins et leurs principaux systèmes de fleuves.

De même j'ai essayé d'employer sur quelques exemplaires, mais seulement à grands traits, un coloris géognostique; parce qu'il m'a paru que l'indication des traits de la géognosie serait très-propre sur une représentation orographique, à cause de l'intime relation entre ces deux grands rapports de la géographie physique.

Ainsi le public peut avoir trois espèces de coloris pour l'Esquisse orographique, savoir: géognostique, hydrographique et orographique. L'explication des couleurs se trouve sur une étiquette particulière, qui accompagne la feuille coloriée.

Quant à l'arrangement du tableau de ce Commentaire, et à la disposition de ses différentes colonnes, la première contient les noms de tous les points écrits et nivelés sur l'Esquisse, et même de quelques-uns qui n'y sont pas; la seconde colonne indique les abréviations d'écriture, dont on s'est servi sur l'Esquisse; la troisième et la quatrième contiennent la position géographique des points en question, mais seulement pour s'orienter suffisamment en cherchant un certain objet, de sorte que l'exactitude de cette position ne va pas plus loin qu'à 5 minutes tout au plus. La cinquième colonne présente les mesures dérivées des cotes de la sixième colonne; mais ces mesures dérivées, d'après lesquelles on a construit les courbes horizontales sur la carte, ne doivent pas être regardées commes d'exacts milieux arithmétiques de ces cotes, dont l'exactitude n'a pas pu être toujours également grande. Aussi, quand je ne savais pas, si les nivellements d'un même lieu avaient été pris à différents niveaux, p. ex. sur la pointe d'un clocher et au point le plus bas de la ville, le nombre dérivé est également une espèce de milieu de ces extrèmes. Enfin la sixième colonne, outre les cotes de hauteur originales ci-dessus mentionnées, contient aussi les méthodes employées pour leur nivellement, les noms des observateurs, des autorités, des sources, des ouvrages et des autres matériaux, dont on a fait usage. D'ailleurs ces matériaux se trouvent encore plus détaillés à la fin du Commentaire, dans un article intitulé: Bibliothèque orographique. Le $\triangle$ signifie que la méthode employée a été trigonométrique ou géométrique, et le $\mathfrak{B}$. indique qu'elle a été barométrique. La lettre $\mathfrak{A}$. annonce une évaluation approximative de l'observateur. Le $\mathfrak{C}$. signifie une conjecture faite principalement par moi, en évaluant la hauteur en question d'après les hauteurs environnantes, les pentes des fleuves, les lignes des neiges perpétuelles, les rapports végétaux, &c. Enfin le » marque que le point ne se trouve pas sur l'Esquisse.

Voilà, je suppose, toutes les explications qu'il était nécessaire de donner dans cet avant-propos. Si la géographie physique pouvait tirer quelque utilité de mon ouvrage, et si les deux Sociétés savantes qui l'ont encouragé et secondé, le trouvaient digne d'elles, j'aurais atteint au but.

TABLEAU

DES SYSTÈMES DE MONTAGNES ET DE LEURS HAUTEURS ÉCRITES

DE L'ESQUISSE OROGRAPHIQUE DE L'EUROPE.

I. ISLANDE ET LES ILES DE FÆRÖE.

POSITIONS GÉOGRAPHIQUES
- Latitude .... 61° 20' ... à ... 66° 30'
  - savoir: les Færöes .. 61° 20' à 62° 20'
  - et Islande .. 63. 20. - 66. 30.
- Longitude.... 8° 35' ... à ... 27° 00'
  - à l'Ouest de Paris
  - les Færöes .. 8° 35' à 10° 00'
  - Islande .. 13. 45. - 27. 00.

POSITIONS HYPSOMÉTRIQUES
- Point culminant (Öræfe-Jökull) .. 6000 P. d. P
- Elévation moyenne
  - des massifs 2—3000. —
  - des bases { Island 800-1000' / Færöes 0. 800

LIMITES NATURELLES: L'Océan Atlantique & Glacial, et la mer du Nord.

ISLANDE.

Noms des hauteurs mesurées.	Abréviations.	Latitude.	Longitude à l'Ouest de Paris.	mesures dérivées.	Mesures originales. — Méthode employée. — Observateurs, Sources et Autorités.
Cap-Nord		66° 50'	24° 45'		
Hornbjarg				2000	1800 Gliemann.
Breidaskarssnoks					2111. △ Frisak.
Dranga-Jökull		66. 10.	21. 30.	3000	2748. △ Frisak. 3793. Gliemann.
Glauma-Jökull		65. 45.	23. 15.	3000	2773. △ Frisak. 3000. Gliemann.
Sneefialla-Jökull ou Wester-Jökull.		64. 50.	23. 55.	4400	4600. Povelsen. 4573.W. Mörch. 4561. 4440 △ Wetlesen 4425.4415. △ Frisak. 4424. Borda. 4414. Gliemann.
Baula		64. 45.	23. 55.	5000	5000. Gliemann.
Esian		64. 15.	23. 50.	2000	2335. W. Mörch. 1500. Gliemann.
Hekla		64. 00.	21. 55.	4800	5120. Povelsen. 4790. Borda. 4000.Roy(Mittenberg). 4792. △ Ohlsen. 5030. Gliemann.
Tinfjalla-Jökull		63. 50.	21. 30.	5000	4863. △ Ohlsen. 5185. Gliemann.
Eyafjalla-Jökull ou Öster-Jökull.		65. 55.	21. 30.	5400	5510 △ Ohlsen. 5594. Gliemann.
Myrdals-Jökull		65. 30.	21. 20.	5000	5000 G.
Öræfe ou Öraf-Jökull		64. 00. / a64. 05.	18. 31. / a19. 10.	6000	
Hvannadalshauke					6027. △ Scheel.
Hnappafjalla Jökull	Hnap.				5793. Gliemann.

Noms des hauteurs mesurées.	Abréviations.	Latitude.	Longitude à l'Ouest de Paris.	mesures dérivées.	Mesures originales. — Méthode employée. — Observateurs, Sources et Autorités.
Langa Jökull / Hofls-Jökull / Kjærlingafjall / Klofa-Jökull		64° 00' à 65. 00.	18° 00' à 23. 00.	4—6000 G.	
Bulandstindr		64. 40.	16. 45.	3000	2900. Gliemann 3276. △ Scheel.
Snæfjall		64. 45.	17. 45.	5600	3610. △ Scheel.
Derfjall, ou Dyrfjall, Sadelfjall, Borgarfjall		65. 30.	16. 10.	3500	3176. Gliemann. 3485. △ Scheel.
Smórfjall		65. 35.	17. 00.	4000	3725. △ Scheel. 5400. Carte de l'Islande.
Herdurbreid	Herdur	65. 10.	18. 30.	5100	5119. △ Scheel.
Haugaungsfjall ou Hagaung.		65. 50.	17. 20.	3000	2900. Gliemann. 2844. △ Scheel.
Krabla		65. 40.	19. 00.	1—2000 G.	
Burrfjall		66. 05.	19. 30.	2300	2337. △ Scheel. 2114 Gliemann.
Siglenæs / Siglenæs Rumpr.		66. 10.	21. 15.	3160	3137 Gliemann.
Rimern	Rim.	65. 50.	20. 45.	4070	4067. Gliemann 5887. △ Scheel.
Hjalledalsheide				2000	2000. Gliemann.

LES FÆRÖES

Noms des hauteurs mesurées.	Abréviations.	Latitude.	Longitude à l'Ouest de Paris.	mesures dérivées.	Mesures originales. — Méthode employée. — Observateurs, Sources et Autorités.
Slattare-Tind	Slatt-T.	62. 15.	9. 10.	2710	2712. W. Forchhammer.
Skjellingfjeld	Skjl.F.	62. 05.	9. 15.	2350	2347. W. Forchhammer.
Reineswere	Reinesw.	61. 50.	9. 15.	1420	1421. W. Forchhammer.
Lille Dimon	L. D.	61. 40.	9. 10.	1250	1234. W. Forchhammer.

II. SYSTÈME SCANDINAVIQUE, ET LA FINLANDE.

POSITION GÉOGRAPHIQUE { Latitude .... de 55° 05' à 71° 10' / Longitude ...... — 2. 30. · 50. 30. }

POSITION HYPSOMÉTRIQUE { point culminant (Skagastölstind) ... 7500. / élévation moyenne { des massifs 2000 à 4000. / des bases { à l'E. 800 à 1000. / à l'O. 0. } }

LIMITES NATURELLES: La mer du Nord, l'Océan Glacial, la mer Blanche, les bassins des lacs d'Onega et de Ladoga, le golfe de Finlande, la mer Baltique, et le Kattegat.

PARTIE SEPTENTRIONALE,

déterminée, au Nord, par la mer Glaciale, &c., et, au Sud, par la baie de Trondhiem et l'Indals Elv. Elle comprend les montagnes de Lapland, généralement connues sous le nom de *KJÖLEN*, et l'Archipel de Norvège, ou les îles de Lofoden.

Noms des lts. mesurées.	Abrév.	Latitd.	Longitd.	M. dériv.	M. origin. — Méthode. — Observateurs, &c.
Elévation moyenne des massifs				2000.	
Cap Nord.					
dans l'île de Mageröe		71° 10'	23° 30'	1200	1200. B. v. Buch.
Ile de Seiland		70. 25.	20. 50.	3500	3500. X. Wahlenberg.
Stjernöe		70. 15.	20. 20.	3500	3300. X. Wahlenberg.
Jökelfjeld		70. 05.	19. 30.	3550	3500. X. Wahlenberg, v. Buch, 3660. Hagelstam.
Utjoki, village		69. 50.	25. 10.	240	244. X. Hellant.
Storvandsfjeld		69. 50.	20. 00.	3350	3350. B. v. Buch.
Vorjeduder		69. 45.	22. 15.	3400	3400. X. v. Buch.
Rastekaisa		69. 45.	23. 50.	2800	2700. Hellant. 3000. X. v. Buch.
Lyngen, ou Lyngensfjeld		69. 25.	17. 30.	4000	4000. X. Wahlenberg, v. Buch.
Senjen		69. 15.	15. 00.	3000	3'00. Hagelstam.
Kautokeino, village	Kautok.	68. 55.	20. 25.	780	780. B. v. Buch.
Enare Træsk		69. 00.	26. 00.	400	400. X. Wahlenberg.
Hindöe		68. 40.	13. 20.	3660	3660. Hagelstam.
Vaagöe		68. 30.	11. 50.	3660	3660. Hagelstam.
Torneä Træsk		68. 20.	17. 00.	1200	1200. Hellant.
Enontekis, village	Enontk.	68. 50.	20. 00.	1340	1341. B. L. Grape.
Palajonsuu, village	Pallajo	68. 15.	20. 30.	1000	1001. B. v. Buch.

Noms des lts. mesurées.	Abrév.	Latitd.	Longitd.	M. dériv.	M. origin. — Méthode. — Observateurs, &c.
Muonioniska, village	Muonk.	68° 00'	21° 20'	740	780. Hagelstam. 700. M. C. 1805.
Sodankyla, village		67. 30.	24. 10.	420	422. Hellant.
Vestijauer, ou Wæstinjauer, lac		67. 20.	14. 10.	1700	1700. B. Wahlenberg.
Sulitelma, le plus haut sommet,		67. 08.	14. 00.	5800	5796. △ Wahlenberg.
Qvickjock, village		67. 10.	15. 20.	1070	1070. B. Wahlenberg.
Gellivara Malmberg		67. 10.	18. 15.	1610	1610. Carpelan.
Tjakelvas, lac	Tjakel	66. 45.	15. 00.	1000	1000. G.
Lais Træsk		66. 00.	14. 40.	1000	1000. G.
Givortfjeld		65. 50.	13. 50.	2930	2934. (?) Hagelstam.
Les lacs Store Afvan & Horn Afvan		66. 00.	15. 30.	900	900. Hagelstam.
Store Uman, lac		65. 00.	14. 50.	900	900. G.

PARTIE CENTRALE,

entre la baie de Trondhjem et l'Indals-Elv, au Nord, et le Romadals-Elv, Læssöeværkvandet, Lougen, Stor-Elven, les bassins de Venern & de Vettern, au Sud. C'est *LES MONTS DOFRINES ou DOFREFJELD*, qui constituent les massifs principaux de cette partie de terrain.

Noms des lts. mesurées.	Abrév.	Latitd.	Longitd.	M. dériv.	M. origin. — Méthode. — Observateurs, &c.
Elévation moyenne des massifs . . .				3—4000.	
Mæreskalsfjeld		63. 40.	9. 40.	3500	3800. B. Esmarks Reise 1829.
Skurdalsporten, la route près du lac de Skurdal	Skurdl.	63. 25.	9. 40.	1920	1920. B. Risinger.
Areskutan		63. 30.	10. 30.	4500	4497. B. Hisinger. 4057. Hartmann, 4830. Törnsteen.

Noms des hts. mesurées.	Abrév.	Latitd.	Longitd.	M. dériv.	M. origin. — Méthode. — Observateurs, &c.
Storsiöen	Stor S.	63° 00'	12° 00'	950	958. B. Hisinger. 920. △ Nordenstedt.
Jämtskogen, le point le plus haut de la route	..	62. 40.	13. 15.	1260	1260. Forsell.
Syltfjeld ou Slyttop	Sylt.	63. 00.	9. 50.	5510	3507. B. Hisinger.
Sundal, village	..	62. 43.	6. 20.	910	906. B. Naumann.
Sundalshammer	*	...	...	3910	3910. B. Naumann.
Opdal, village	..	62. 40.	7. 25.	1910	1908. B. Naumann.
Romsdal, village	Romsd.				
Romsdalshorn		62. 30.	25. 50.	2010	2006. Forsell.
Dofrefjeld	..	61. 40. à 62. 30.	G. à 8.		
Elévation moyenne	..	...	...	4000	
Snœhätten, point culminant	..	62. 15.	7. 00.	7100	7099. B. Hisinger. 7047. B. Naumann. 7020. B. Esmark (Top. stat. Sam. 1). 7421. B. Schulz(NorskMagas.).
Passage entre Stenkollen et Skrimkollen	..	62. 20.	6. 50.	4500	5400. B. Naumann.
Harebakken,	Hareb.	62. 00.	7. 00.	4000	
la route	..	...	...	...	3527. B. Naumann.
le sommet	..	...	...	...	4205. B. v. Buch.
Le plus haut point de la route de Dovrefjeld, près de Jerkind	..	62. 10.	7. 20.	5610	5610. B. Hisinger.
L'église de Dovre (Lougen-Elv)	Dov.	51. 55.	7. 00.	1450	1442. B. Hisinger. 1451. B. Naumann.
Læssöværkvandet	..	62. 05.	6. 15.	1950	1930. B. Naumann.
Rundene (Rundafjeld) Pikhätten?	Rund.	61. 50. ou 62. 05.	7. 30. ou 7. 15.	6000	6565. Hagelstam. 6000? Forsell.
Jättafjeld, près de Kringlen et de Qvam	..	61. 45.	7. 10.	5550	5600. B. Naumann 5800. Forsell.
Qvam, église (Lougen-Elv)	..	61. 40.	7. 25.	770	774. B. Hisinger.
Tronfjeld	Tronf.	62. 15.	8. 30.	5400	5284. B. Hisinger. 5506 Hagelstam. 5595. B. Esmark (Reise 1823).
Hummelfjeld	Hum.	62. 20.	9. 00.	4500	4000 à 5000. G.
Röraas, ville	..	62. 35.	9. 00.	2020	2026. B. Hisinger. 2049. B. Esmark (Reise1820).
Skarven	Skv.	62. 45.	9. 20.	4500	4000 à 5000 G.
Kjölefjeld	..	62. 50.	9. 10.	5860	5861. Hagelstam.
Rutefjeld	Rut.	62. 55.	9. 40.	5420	5415. B. Hisinger.
Öresund, lac	..	62. 55.	9. 20.	2160	2050. B. Naumann 2260. B. Hisinger.

Noms des hts. mesurées.	Abrév.	Latitd.	Longitd.	M. dériv.	M. origin. — Méthode. — Observateurs, &c.
Vigelfjeld, Vigelns Pik	Vigl	62° 30'	9° 50'	4530	4533. B. Hisinger.
Svukufjeld, Svuknstätt	Svuku	62. 10.	9. 50.	4410	4412. B. Hisinger.
Lac de Færmund	..	62. 10.	9. 35.	2110	2110. B. Hisinger.
Städjau	..	62. 00.	10. 30.	3600	3621 B. Hisinger. 3570. Hagelstam.
Salfjeld	Sal.	62. 00.	9. 50.	3900	3897. B. Hisinger.
Herjchägne	Herje.	61. 45.	9. 50.	4500	4-5000. G.
Siljan, lac	..	60. 50.	12. 25.	520	521. △ Hallström.
Falun, ville (Lac Runn)	..	60. 35.	13. 15.	350	345. △ Hallström.
Stockholm, Observatoire	..	59. 20.	15. 40.	130	151. △ 133. B. Svanberg.
Lac de Mälarn	..	59. 30.	15. 00.	0	S. Hagelstam.
Lac de Hjelmarn	..	59. 10.	15. 30.	70	74. Hermelin.
Tifveden, entre les églises de Bodarne et de Finnerödja	..	58. 55.	12. 10.	550	525. B. Hisinger.
Kongsvinger (Glommen)	Kgs-ving.	60. 15.	9. 35.	460	455. B. Hisinger.

PARTIE MÉRIDIONALE,

formée entre le Romsdals-Elv, Lougen, et le Cap méridional de Norvége: Lindesnæs. Elle renferme les hauts massifs de Langefjeld, de Sognefjeld. de Fillefjeld & de Hardangerfjeld, connus ensemble sous le nom de LANGEFJELD.

Elévation moyenne des massifs . . . . . 3—4000.

Noms des hts. mesurées.	Abrév.	Latitd.	Longitd.	M. dériv.	M. origin. — Méthode. — Observateurs, &c.
LANGEFJELD	..	61. 40. à 62. 10.	5. à 5. 30.		
en général	..	...	...	4000	
Lodals Raabe	Lodals K.	61. 55.	4. 55.	6140	6190. B. Bohr. 6005. B. Naumann.
Justedal, l'église	Justed.	61. 40.	5. 00.	620	638. B. v. Buch. 600. B. Bohr
Sneebræen les plus hauts points.	..	61. 30.	4. 30.	6000	5-6000. Smith. 6000. B v Buch. 6-7000. Forsell.
SOGNEFJELD (Jotunfjeld)	..	61. 10. à 61. 40.	5. à 6.		
Elévation moyenne	..	...	...	4—5000.	
Hurrungerne: Skagastölstind	Skag-tol	61. 25.	5. 35.		
septentrional	..	...	...	7000	7100. Keilhau & Boeck. 6644. B. Naumann.
méridional (les points culminants des montagnes Scandinaves.)	..	...	...	7500	7600. Keilhau & Boeck. 7418. Keilhau (Hisingers Prof.)
Mugnafjeld	Mugn.	61. 25.	6. 20.	6800	6800. Carpellan.

1 .

Noms des hts. mesurées.	Abrév.	Latitd.	Longitd.	M. dériv.	M. origin. — Méthode.— Observateurs, &c.
FILLEFJELD		60° 40' / à 61. 10.	8° 30' / à 6. 30.		
Élévation moyenne . .		. . . . .	. . . . .	3—4000.	
Suletind		61. 00.	8. 30.	5500	5376. P. Naumann (Hising.-Prof.) 5514. P. v. Buch. 5470. P. Hisinger.
le plus haut point de la route		61. 00.	8. 45.	3800	3332. P. Smith. 3789. P. Naumann. 3946.P. Hansteen. 3752.P. v. Buch.
Lecrdal	Ldal.	61. 10.	4. 50.	80	78. P. Hansteen.
Miösenvand *dans la* vallée de Valders . . .	Vald.	61. 05.	6. 05.	1440	1440. P. Hansteen.
Bergen, ville		60. 20.	8. 00.	620	618. P. Naumann (Leonhard. Taschb.1825).
Olrikken, près de Bergen		60. 20.	5. 05.	1960	1960. P. Hertzberg.
HARDANGERFJELD. . .		60. 00. / à 60. 30.	5 à 6.		
Élévation moyenne . . .				3—4000.	
Revilds Eggen au dessus de Ullensvang . . .		60. 10.	4. 35.	4370	4292 P. v. Buch. 4371. Hagelstam.
Ullensvang, village .	Ullensv.	60. 15.	4. 20.	80	30. E.
Hartangen, Harteig ou Hartoug		60. 15.	5. 10.	6210	5206. P. Smith.
Hallingskarven . . .	Halling	60. 30.	5. 45.	5110	5118. P. Keilhau. 5109. Forsell.
Hallingjökel		60. 25.	5. 20.	5270	5217. Smith (Hisingers Prof.) 5400.P. Smith. 5209. Forsell.
Gutefjeld		59. 55.	5. 00.	5030	5027. Hagelstam.
Folgefond	Folgef.	60. 00.	4. 00.	5150	4995. P. Smith. 5300. P. Hertzberg.
Vattendalsfjeld le plus haut point du passage	Vatte.	59. 55.	4. 50.	4000	3950.P. Naumann. 4060. Naumann (Hising.Prof.)
Bykle, village		59. 25.	5. 00.	1660	1664. P. Naumann.
Tindfjeld le plus haut point		60. 00.	6. 05.	3610	3607. P. Smith.
Tindsöen		59. 45.	6. 40.	550	516. P. Smith. 591. P. Hansteen.
Gousta, (Goustatind) . . .		59. 45.	6. 20.	5600	5801. P. Smith. 5130. Hansteen (Hising.Prof.) 5882. P. Esmark (Top. Saml.)
Miösvandet		59. 50.	6. 00.	2670	2670. P. Smith.
Liefjeld		59. 30.	6. 40.	4200	4204. Forsell.
Kongsberg (l'église) . . .	Kbg.	59. 40.	7. 15.	460	465. P. Hansteen.
Gottesgrube				970	967. P. Esmark.

Noms des hts. mesurées.	Abrév.	Latitd.	Longitd.	M. dériv.	M. origin. — Méthode. — Observateurs, &c.
Skrecfjeld. . . . . . . (Slet-Skreen) le plus haut point		60° 38'	8° 25'	2280	2277. P. Esmark (Reise 1829.)
Lac Miösen	Mse.	60. 40.	8. 30.	410	409. P. Hisinger.

PLAINE SCANDINAVE,

entre les susdits bassins de Venern & de Vettern, le Kattegat et la Baltique. Quoique nommée plaine, elle renferme néanmoins beaucoup de rochers, mais qui ne sont pas assez hauts, ni assez étendus pour mériter le nom de montagnes.

Noms des hts. mesurées.	Abrév.	Latitd.	Longitd.	M. dériv.	M. origin. — Méthode. — Observateurs, &c.
Lac Venern		59. 00.	11. 00.	150	131. P. Hisinger.
Kinnekulle		58. 35.	11. 10.	860	856. △ Hisingers Profiler. 886. Thomson.
Lac Vettern		58. 30.	12. 20.	260	262. P. Hisinger (Geographie.) 270. Hisingers Profiler.
Lac Roxen		58. 30.	15. 20.	100	100. P. Hisinger.
Taberg		57. 40.	11. 40.	1050	1032. Forsell. 1062. Thomson.
Ekesiö, ville		57. 40.	12. 40.	530	532. P. Hisinger.
Wexio, le niveau du lac Helga		56. 50.	12. 30.	450	444. Forsell. 449. △ Lagergreen. 510. Hagelstam.
Lac Åsnen		56. 35.	12. 20.	380	380. △ Lagergreen.
Hallandsås, près de Örkelljunga	Hall. Ås	56. 20.	11. 00.	320	320 (?) Hagelstam.
Kullen, le phare		56. 20.	10. 00.	230	251. △ Bagge.
Romleklint	Romlk.	55. 40.	11. 10.	270	274. Hagelstam.
Ile de Bornholm: Rytterknegten, le plus haut point de l'île		55. 10.	12. 35.	480	480. P. Örsted & Esmark.
Ile d'Öland: Borgholm, chateau . . .		56. 50.	14. 20.	120	115. △ Hisinger. 129. Hagelstam.
Ile de Guttland: Torsborg		57. 25.	16. 30.	180	183. P. Hisinger.

LA FINLANDE.

Séparée des grandes masses Scandinaves par la dépression de terrain entre le golfe de Botnie et la mer Blanche, la Finlande comprend un terrain très-peu montagneux, à-peu-près comme la plaine Scandinave, mais, ainsi comme elle, plein de rochers, couvert de lacs et coupé de fleuves et de rivières.

Noms des hts. mesurées.	Abrév.	Latitd.	Longitd.	M. dériv.	M. origin. — Méthode. — Observateurs, &c.
Les plus hautes montagnes				1200	Engelhardt.

Noms des hts. mesurées	Abrév.	Latitd.	Longitd.	M. dériv.	M. origin. — Méthode. — Observateurs, &c.
Uleå Träsk		64° 28'	26° 00'	3-400	G.
Lac Pielis		63. 20.	27. 30.		
Paijene, lac			25. 40.	240	243. Hagelstam.
Askola, village		60. 35.	23. 25.	80	78. Hagelstam.
Saima, lac		61. 30.	25. 40.	250	G.
Ile de Hochland: Mäggi-Pälus		60. 00.	24. 45.	400	100. △ Struve.

III. SYSTÈME BRITANNIQUE.

POSITION GÉOGRAPHIQUE { Latitude . . de 50° 00' . . . à . . . 61° 00' ; Longitude . — 0. 55. . . . . 12. 40. ; à l'O de Paris.

POSITION HYPSOMÉTRIQUE { Point culminant (Ben Nevis) . . 4100 P. d. P. ; des massifs 1000-2000. ; Elévation moyenne { des bases { Ecosse 500-1000. ; Angleterre } 0. 500. ; Irlande }

LIMITES NATURELLES : L'Océan, la Manche (le Canal) et la mer du Nord.

ECOSSE.

1. GROUPE SEPTENTRIONAL,

(comprenant les îles environnantes)

entre l'Océan et le canal Calédonien, qui fait communiquer le golfe de Limhe avec celui de Murray.

Noms	Abrév.	Latitd.	Longitd. (à l'O.)	M. dériv.	M. origin. — Méthode. — Observateurs, &c.
ILES DE SHETLAND: Mainland: Mont-Rona		60° 25'	5° 30'	3500	3372.Laing. 3700.Playfair.
LES ORCADES: Ile de Hay		58. 40.	5. 20.	1130	1123. X. Playfair.
South-Ronaldsha		58. 40.	5. 05.	230	234. X. Playfair.
LES HÉBRIDES: St. Kilda: Mont-Conochan		57. 55.	10. 55.	1300	1290. Boué.
Sky: Mts. de Chuchullin	Cncu.	57. 15.	8. 55.	2400	2844. M.Culloch(Leonh. Taschb. 13.) 2380. X. Boué. 2000. And. Ure.
Staffa		56. 25.	8. 55.	110	113. M. Culloch.
Mull: Benmore		56. 20.	8. 30.	2900	2904. And. Ure. Boué.
Ord of Caithness		58. 10.	3. 43.	1170	1174. Playfair. Boué.
Ben-Wyvis		57. 40.	6. 50.	3690	3490. Boué. Jameson. 4110. Playfair. 3472. Reuss.
Mealfourvonny	Mfour	57. 10.	7. 00.	2720	2871. 2879. Boué. Brewster Encyclopædie. Jameson. 2582. Playfair.
Le plus haut point de la vallée du canal Calédonien		56. 55.	7. 15.	80	75. Boué.
Loch Lochy	L. L.	56. 55.	7. 20.	70	72. Boué.
Loch Ness	L. Ness	57. 15.	6. 45.	40	12. Boué.

2. GROUPE CENTRAL

situé entre le canal Calédonien et celui [illegible] baie du Forth et de la Clyde. Il se compose principalement [illegible] et des MONTAGNES [illegible].

Noms des hts. mesurées.	Abrév.	Latitd.	Longitd. à l'O.	M. dériv.	M. origin. — Méthode. — Observateurs, &c.
Ben Newis	B. New	56° 50'	7° 10'	4100	4086. △Gardner. 4110. Playfair. Boué. Jameson. Scoresby. 4117. Reuss. 4101. Brewster Encycl. Denaix.
Ben Cruachan	B. C.	56. 25.	7. 30.	3200	3181. Playfair. Boué. 3179. Jameson. 3755. Reuss.
GRAMPIAN MOUNTAINS		56. 10. à 57. 30.	4. 40. à 7. 30.		
Elévation moyenne				2000	
Battock		56. 55.	5. 00.	3240	3234. Jameson. 3251. Playfair. Boué.
Cairn-Gorum, ou Cairngorm	C. G.	57. 00.	6. 10.	3900	3798. Jameson. 3828. Playfair. Boué. 3982. W. Dr. Keilli.
Benna-Muich-Duid	B.M.D.	56. 55.	6. 05.	4040	4055. Playfair. Boué.
Shehallion, ou Shehallien	She-hall.	56. 40.	6. 25.	3500	5294. △Gardner. 3446. Boué. 3543. Jameson. 3447. 3544. Playfair. 2838. Roy. (Reuss.)
Ben Lawers	B. Law.	56. 30.	6. 40.	3750	3698. △Gardner. 3733. Boué. 3729. 3808. Playfair. 3766. Jameson. 3775. Reuss.
Ben More. Le plus haut sommet.	B. M.	56. 20.	6. 50.	3600	3880. △Gardner. 3641. Boué. 3607. Playfair. 3628. Jameson.
Ben Lomond	B. L.	56. 10.	7. 00.	3000	2992. △Gardner. 3040. Boué. 3089. Jameson.
Ile de Bute : Quoilbhein		55. 50.	7. 25.	2760	2764. Playfair.
Ile d'Arran : Goatfell ou Quetfell ?		55. 40.	7. 40.	2700	2680. Playfair. Boué. 2761. Jameson.
Ile de Jura : Bein-an-Oir ou Ben Oir		56. 00.	8. 20.	2330	2516. Boué. 2516. Jameson. Pennant.
[illegible] Benclach ou Ben-Cleugh		56° 10' à 56. 15.	8° 50' à 6. 00.	2250	2269. Jameson. 2200. Playfair. 2212. △ Gardner.
Dalmyatt				2340	2344. Aud. Ure.
Kirck of Scots, le plus haut point entre la Clyde et le Forth		56. 00.	5. 25.	650	654. Boué.

3. GROUPE MÉRIDIONAL,

compris entre la dépression de terrain des baies citées de la Clyde et du Forth, et une ligne de Newcastle upon Tyne au Golfe de Solway.

Noms des hts. mesurées.	Abrév.	Latitd.	Longitd. à l'O.	M. dériv.	M. origin. — Méthode. — Observateurs, &c.
Edinbourg : le roc du château		56. 00.	5. 30.	340	342. Playfair. A. Ure. Boué.
Lammermoor Hills	L. M.	55. 55.	5. 00.	1510	
Sommet : Sparleton Hill					1512. Playfair.
Pentland Hills	P. h.	55. 40. à 55. 50.	5. 50.	1600	1595. Boué. Aud. Ure.
Logan-House-Hill					
Lanerk, ville	L.	55. 45.	6. 10.	700	660. Miltenberg. Bang.
Un point près de Lanerk					713. Boué.
Lowther Hills	Lwh.	55. 40.	6. 50.	2950	2940. Bruguière. 2956. Playfair.
Craig of Ailsa (l'île de Ailsa)		55. 25.	7. 30.	880	892. Boué.
Larg		55. 00.	7. 5.	1650	1650. Playfair. Boué.
Criffel	Crif.	55. 00.	6. 05.	1720	1718. Playfair. Boué.
Carterfell	Cartf.	55. 20.	5. 00.	1500	1500. Playfair. Boué.
Cheviothill ou Cheviot		55. 30.	4. 40.	2500	2479. Boué. 2494. Playfair. 2513. Jameson. 2630. C. Smith.
Hartfell		55. 25.	5. 30.	3100	3094. Boué. Playfair. 3099. Jameson.

ANGLETERRE.

1. PARTIE SEPTENTRIONALE.

bornée au Sud par les vallées de Trent et de Severn, et au Nord par la dépression de terrain de la rivière de Tyne et du Golfe de Solway.

Noms des hts. mesurées.	Abrév.	Latitd.	Longitd.	M. dériv.	M. origin. — Méthode. — Observateurs, &c.
Crossfelt	...	54° 40'	4° 40'	3050	2720. Conybeare & Philipps. 3184. Bailey. 3178. Donaldson. 3180. Jameson.
Skiddow	...	54. 35.	5. 30.	2900	3160. Reuss. 2836. Conybeare & Philipps. Winch. 2979. Dalton. 2850. △ Young.
Ile de Man.					
Sneafell	...	54. 15.	6. 35.	1650	1652. C. Smith.
Wharnside	...	54. 15.	4. 45.	2280	2322. Dalton. 2237. Conybeare & Philipps. 3584. Jameson.
Leeds, ville	L.	53. 50.	3. 30.	500	500. G.
York, ville	Y.	54. 00.	3. 30.	400	400. G.
Derby, ville	...	52. 55.	3. 60.	200	200. G.
Warwick, ville	...	52. 20.	4. 00.	140	144. Shakburgh.

2. LE PAYS DE GALLES ET LE CORNWALL,

à l'Ouest de Severn et d'Exe.

Noms des hts. mesurées.	Abrév.	Latitd.	Longitd.	M. dériv.	M. origin. — Méthode. — Observateurs, &c.
Ile de Holyhead	Holy.	53. 20.	7. 05.	670	666. Smith.
Penman-Mawr	Penm.	55. 20.	6. 20.	1560	1454. Hassel. 1544. Jameson (Bruguière.)
Snowdon	...	55. 05.	6. 55.	3330	3375. Brewster. Encyclopædie. 3356. 3548. △ Général Roy. 3524. B. Wollaston. 3516. 3548. Jameson. Hassel.
Cadre-Idris	...	52. 40.	6. 20.	3320	3350. Jameson. 3320. Brewster Encyclopædia.
Plynlimon	...	55. 50.	6. 45.	2340	2340. C. Smith.
Quentockhills	Qvent-h.	51. 05.	5. 45.	1180	1192. Conybeare & Philipps. 1170. Philos. trans. 1800.
Cawsand-Beacon	Caws.B.	50. 40.	6. 15.	1680	1650. Philos. trans. 1797.
Le Cap Landsend	...	50. 00.	8. 00.	390	390. Conybeare & Philipps.

3. PARTIE MÉRIDIONALE,

ou Plaine d'Angleterre, appartenante à la grande plaine de l'Europe; elle est déterminée par les susdites divisions (1 & 2), la Manche et la mer du Nord.

Noms des hts. mesurées.	Abrév.	Latitd.	Longitd.	M. dériv.	M. origin. — Méthode. — Observateurs, &c.
Bartonhill, ou Bardonhill	...	52° 40'	3° 40'	900	800. Conybeare & Philipps. 960. 945. △ Gral. Roy (Bruguière.)
Inkpen-Beacon	Inkp.	51. 35.	3. 58.	950	948. Conybeare & Philipps.
Mendiphill	Mendip.	51. 10.	4. 55.	1030	1026. Conybeare & Philipps.
Pilsden-Hill	Pilsdh.	50. 50.	5. 10.	880	876. Philos. trans. 1797
Bull Barrow	Bull.B.	51. 00.	4. 25.	870	870. Philos. trans. 1800.
Beacon Hill	...	51. 15.	3. 55.	650	647. △ Gral. Roy.
Bagshot-Head	...	51. 20.	3. 00.	440	438. △ Gral. Roy. (Conybeare and Philipps.)
Butserhill	Butsh.	51. 00.	3. 25.	860	860. △ Gral. Roy. (Conybeare and Philipps.)
Ile de Wight:					
Dunnose	...	50. 40.	3. 40.	740	744. △ Gral. Roy.
Leith-Hill	...	51. 05.	2. 50.	930	930. △ Gral. Roy.
Botley-Hill	...	51. 20.	2. 00.	850	851. △ Gral. Roy. (Conybeare and Philipps.)
L'Observatoire de Greenwich	Gr.	51. 30.	2. 20.	200	198. C. Smith.
Dover Castle (Chateau de Douvres.)	...	51. 05.	1. 00.	420	411. △ Gral.Roy.* 438. C. Smith.
Beachy-Head	...	50. 45.	2. 00.	540	540. le Gral. Roy. 530. Conybeare and Philipps.

IRLANDE.

Noms des hts. mesurées.	Abrév.	Latitd.	Longitd.	M. dériv.	M. origin. — Méthode. — Observateurs, &c.
Agrewshill	...	54. 55.	8. 25.	1410	1411. Jameson. (Bruguière.) Hassel.
Davis	...	54. 40.	8. 50.	1490	1488. Jameson. (Bruguière.) Hassel.
Mourne-Hills: le Sommet: Sleibh Donard, ou Sleeve-Donard	...	54. 10.	8. 20.	2650	2625. Kirwan. 2628. C. Smith.
Longfield	...	54. 30.	9. 20.	2—3000	G.
Nephin	...	54. 05.	11. 40.	2470	2463. Kirwan. 2478. 2470. Jameson. (Bruguière.)

Noms des hts. mesurées.	Abrév.	Latitd.	Longitd.	M. dériv.	M. origin. — Méthode. — Observateurs, &c.
Crough-Patrik		53° 45'	11° 55'	2500	2490. Kirwan. 2496. 2500. Jameson. (Bruguière.)
Bog of Allan ..... Le plus haut point de la dépression de terrain entre Dublin et le golfe de Shannon.	B. of A.	53. 15.	9. 50.	270	270. Brewster Encyclopædie.
Cahirconree ou Cahir-conrigh	Cahir cr.	52. 10.	12. 08.	3040	3038. Hassel.
Macgillycuddy-Reeks Le sommet: Carran-Tual.	Macgill. R.	52. 00.	12. 00.	3200	3193. Jameson. (Miltenberg.) 3204. B. Nimmo.

Noms des hts. mesurées.	Abrév.	Latitd.	Longitd.	M. dériv.	M. origin. — Méthode. — Observateurs, &c.
Mangerton		51° 55'	11° 50'	2400	2828. Kirwan. 2594. B. Nimmo. 2349. Jameson.
Knock Meale-Down.	Knock M. D.	52. 10.	10. 15.	2550	2532. Jameson. (Bruguière.)
Hungryhill		51. 40.	12. 00.	1800	1800. Jameson. (Bruguière.) Hassel.
Mont Gabriel		51. 50.	11. 40.	1790	1788. Jameson. (Bruguière.) Hassel.

IV. SYSTÈME HESPERIQUE.

Position géographique { Latitude . de 36° 00' . . . à .44° 00' ; Longitude — 11. 50. à l'O. . . 2. 00. à l'E. *) }

Position hypsométrique { Point culminant (Cerro de Mulhacen) 11000. ; Elévation moyenne { des massifs 2500 à 8000. ; des bases . 1000-3000. } }

Limites naturelles: L'Océan, le golfe de Biscaye, l'Adour, le Canal des Landes (C. d. Ls.), la Garonne, le Canal de Languedoc (C. d. L.), la Méditerranée et le detroit de Gibraltar.

PARTIE SEPTENTRIONALE,

comprend lex deux divisions suivantes:

1re DIVISION,

déterminée par l'Adour, le canal des Landes, la Garonne, le canal de Languedoc la Méditerranée, l'Ebre, et la dépression de la chaîne pyrénaïque entre Bayonne et Pamplune. Cette division renferme la grande masse des Pyrénées.

Elévation moyenne des massifs . . . 6—8000.

	Abrév.	Latitd.	Longitd. (à l'O.)	M. dériv.	M. origin. &c.
Mezin, ville .... Canal des Landes .	C.d.Ls.	44. 00.	2. 08.	480	480. Berghaus Carte phys.
Toulouse, ville ..... La Garonne.		43. 35.	0. 55.	400	430. B. D'Aubuisson. Bruguière. 370. Berghaus, Carte phys.

	Abrév.	Latitd.	Longitd. (à l'O.)	M. dériv.	M. origin. &c.
St. Jean Pied-de-Port, ville	St Jean P. d. P.	43. 10.	3. 40.	510	510. B. Parrot.
Tardet, ville	Tard.	43. 10.	3. 15.	720	714. 723. B. Parrot. Bruguière.
Tarbes, ville		43. 15.	2. 20.	960	984. Berghaus, C. phys. 930. △ Rehoul & Vidal.
Tarascon, ville .... niveau de l'Arriège.	Taras.	42. 50.	0. 50.	1460	1422. B. Charpentier. 1496. B. Parrot.
Narbonne, ville.....	Narb.	43. 10.	0. 40. E.	100	204 △ Méchain & Delambre.
Puy de Bugarach ...		42. 50.	0. 00.	3770	3762. △ Méchain & Delambre. 3789. △ Ing. franç.
Perpignau, ville ...		42. 40.	0. 55. E.	100	220. △ Méchain & Delambre. 64. B. Parrot.

*) Comprenante l'île de Minorque.

Noms des hts. mesurées.	Abrév.	Latitd.	Longitd. à l'O.	M. dériv.	M. origine. — Méthode. — Observateurs, &c.
Junquera, ville	Junq.	42° 25'	0° 35' E.	2000	2000 G.
Le Canigou (pic méridional)	Ca.	42. 30.	0. 10. E.	8600	8573. △ Ing. français. 8586. △ Méchain & Delambre. 8580. △ Reboul & Vidal. 8652. Rocheblave (Charpentier.) 8646. Cassini (Milt.) 8640. Mavaldi (Milt.) 8662. Méchain (Milt.)
Mont Louis, fort	M. L.	42. 30.	0. 15.	4850	4800. B. Parrot. 4800. Berghaus. C. phys.
Mont-Mosset ou Mignae de Mousset	Mos.	42. 45.	0. 20.	7500	7416. △ Reboul & Vidal. 8161. deLuc.(Milt.) 7318. Cassini (Milt.)
Pic de Fontargent	P. d. F.	42. 35.	0. 35.	8800	8796. △ Reboul & Vidal.
Mont Calm	M. Calm.	42. 40.	0. 55.	10000	10008. △ Reboul & Vidal. 9690. A. G. E. 1803.
Vallée d'Aran } Viella, village, La Garonne } Maladetta	V. d'A.	42. 40.	1. 30.	3000	2712. B. Charpentier, Bruguière. 3182. B. Parrot.
Pic de Nethou, point culminant des Pyrénées.	M.	42. 35.	1. 35.	10600	10722. B. △ Humboldt (Hertha 4). Reboul & Vidal. 10479. △ Ing franc.
Pic Posets	P. P.	42. 40.	1. 30.	10400	10384. △ Reboul & Vidal. 10363. △ Ing. franc.
Venasque, ville	Venas.	42. 30.	1. 30.	3600	3591. B. Parrot.
Port de Venasque	*	42. 40.	1. 40.	7500	7428. B. Charpentier. 7386. Cordier (Charpentier.) 7613. B. Parrot.
Port d'Oo	*	42. 40.	1. 30.	9130	9240. B. Charpentier. 9023. B. Parrot.
Breche de Roland	*	42. 40.	2. 15.	8900	9000. Ramond. 9232. △ Reboul & Vidal. 8760. B. Charpentier. 8656. B. Parrot.
Sierra de Guara	Sr. d. Guara.	42. 20.	2. 15.à 2. 45.	2—3000	G.
Le Mont Perdu	M. P.	42. 35.	2. 25.	10350	10516. △ Ing. franc. 10482. △ Reboul & Vidal. 10300. B. Parrot. 10382. Méchain (Milt.)
Pic Long	P. L.	42. 40.	2. 20.	9950	10008. Ramond (Milt.) 9036. △ Reboul & Vidal.

Noms des hts. mesurées.	Abrév.	Latitd.	Longitd. à l'O.	M. dériv.	M. origine. — Méthode. — Observateurs, &c.
Pic du Midi de Bigorre	P.M.B.	42° 50'	2° 15'	8900	8837. △ Ing. français. 9056. Ramond (Milt.) 8820. Méchain (Milt.) 8930. △ Reboul & Vidal. 8916. △ Méchain. Reboul. 8796. B. Charpentier. 9054. Junker (Charpentier.)
Vignemale	V.	42. 43.	2. 35.	10500	9900. Berghaus, C. phys. 10326. △ Reboul & Vidal. 10368. B. Junker (Charpentier.)
Pic du Midi de Pau	P.M.P.	42. 50.	2. 50.	9000	9186. △ Reboul & Vidal. 8826. B. Junker (Charpentier.) 8226. Berghaus, C. phys.
Roncevaux, ville	Ronc.	43. 00.	3. 40.		
Port de Roncevaux				5400	5400. Bory de St. Vincent.
Plaine de Roncevaux					2812. Bruguière
Huesca, ville		42. 05.	2. 50.	1400	1440. B. Humboldt & Antillon (Hertha 4).
Puy se Calm	P. s. Calm	42. 05.	0. 10. E.	4660	4662. △ Méchain & Delambre.
Rocca Corva	Roc. C.	42. 05.	0. 25. E.	5050	5048. △ Méchain & Delambre.
Matagallos	Matagall.	41. 45.	0. 05. E.	5220	5226. △ Méchain & Delambre.
Monserrat	Mserr	41. 30.	0. 40.	3800	3808. △ Méchain & Delambre.
Barcelona: La Citadelle		41. 20.	0. 10.		126. △ Méchain & Delambre.
Fort Mont-Jouy				630	630. △ Méchain & Delambre.

2ME DIVISION,

entre la dépression citées de la chaîne pyrénaïque, le golfe de Biscaye, l'Océan, le Duero et les sources de l'Ebre et de la Pissierga. *LES MONTAGNES DES ASTURIES et DE GALICE* font partie de cette division.

Elévation moyenne des massifs . . . . . 4—5000.

Noms des hts. mesurées.	Abrév.	Latitd.	Longitd. à l'O.	M. dériv.	M. origine. — Méthode. — Observateurs, &c.
Vittoria, ville		42. 50.	5. 00.	1670	1668. B. Banza.
Sierra de Salinas	Salinas	43. 00.	5. 00.	5700	5700. Bory de St. V.
Bilbao, ville		43. 20.	5. 05.	70	69. B. Banza.
Reynosa, ville		43. 00.	6. 15.	2430	2430. B. Betancourt & Don Juan de Pennalver (Antillon.)

Noms des hts. mesurées.	Abrév.	Latitd.	Longitd. à l'O.	M. dériv.	M. origin. — Méthode. — Observateurs, &c.
Alta del Escudo . . .	Escudo	43° 00'	6° 05'	3340	3336. B. D. Juan d. P. (Antillon.)
Sjerra-Sejos	Sr. Sej.	43. 00.	6. 30.	5400	5400. Rory d. St. V.
Santander, ville . . .	. . .	43. 30.	6. 00.		
Penilla de Toranzo, hauteur près de la ville	. . .	. . . . . .	. . . . . .	330	330. D. Juan d. P. (Antillon.)
Las Sjerras Albas . .	Sr. Al.	43. 00.	6. 30.	6600	6600. Rory d. St. V.
Benavente, ville . . .	. . .	42. 05.	8. 05.	1980	1980. B. Humboldt (Herths 4.)
Turdesillas, ville . . .	. . .	41. 30.	7. 10.	1990	1986. B. Humboldt (Hth. 4.)
Leon, ville	. . .	42. 35.	7. 55.	2500	2500. G.
Astorga, ville	. . .	42. 30.	8. 35.	2440	2440. B. Humboldt (Hth 4.)
Puerto de Manzanal	P. Manz.	42. 35.	8. 45.	3400	3402. B. Humboldt (Hth. 4.)
Villafranca, ville . . .	V. franc.	42. 35.	9. 20.	1300	1302. B. Humboldt (Hth. 4.)
Pennas de Europa .	Pen. d. Europa	. . . . . .	. . . . . .	8000	8000. Rory de St. Vinc. 8.9000. Malte-Brun.
Mondonedo, ville . . .	. . .	43. 25.	9. 30.	2000	2000. G.
Sjerra de Mondonedo	*	. . . . . .	. . . . . .	2760	2760. Rory de St. V.
Lugo, ville	. . .	43. 00.	9. 30.	1250	1254. B. Humboldt.
Sjerra de Torinnona	To-rinna.	43. 00.	11. 30.	1800	1800. X. Humboldt (Voyages 1.)
Sjerra de Suazo: Mont-Gaviarra . . .	. . .	42. 00.	10. 25.	7400	7400. X. Balbi.
Sjerra de Guerez: la plus haute cime: Murro de Burageiro	. . .	42. 00.	10. 10.	4000	4000. X. Link.
Montalegre, ville . . .	Monta-leg.	41. 55.	10. 10.	2800	2800. Bruguiere. 1827.
Sjerra de Montezinho, le plus haut sommet	. . .	42. 00.	9. 10.	7000	7000. X. Balbi.
Braga, ville	. . .	41. 35.	10. 40.	580	581. B. Eschweg.
Caves, ville	Cav.	41. 30.	10. 00.	1150	1162. B. Eschweg.
Sjerra de Morao, . . . le point culminant . . .	. . .	41. 50.	9. 45.	4200	4400. X. Balbi. 4000. Link.
Rodas do Marao . .	. . .	. . . . . .	. . . . . .	. . . .	3116. Eschweg.
Braganza, ville	Braga.	41. 35.	9. 10.	2500	2502. B. Eschweg.
Amaranthe, ville . . .	Amar.	41. 25.	10. 20	510	512. B. Eschweg.
Oporto, ville	. . .	41. 10.	10. 15.	290	276. B. Fransina (Bal. bi.) 500 B. Eschweg.

PARTIE CENTRALE,

constitue trois divisions, savoir :

1re DIVISION,

formée par l'Océan, le Douero, et le Tage, comprend la *Sjerra de Guadarama*, la *Sjerra de Gredos*, et la *Sjerra d'Estrell i.*

Noms des hts. mesurées.	Abrév.	Latitd.	Longitd.	M. dériv.	M. origin. — Méthode. — Observateurs, &c.
Elévation moyenne des massifs . . . . . 4—5000.					
Honrubia, ville	Honru.	41° 30'	6° 00'	3200	3246. B. Bauza.
Segovie, ville	. . .	41. 00.	6. 30.	2700	2811. B. D. Mariana Gil (Antillon.) 2829. B. Humboldt.
Sjerra de Guadarama	. . .	40. 40. à 41. 10.	5. 50. à 7. 10.		
Elévation moyenne				*5—6000*	
Col de Sommo-Sjerra . . .	. . .	41. 10.	5. 55.	4600	4632. B. Bauza.
St. Ildefonse, ou La Granja, chateau . . .	St. Ilf.	40. 55.	6. 30.	3700	3670. B. Thalacker. 3846 B. Bauza.
Puerto de Guadarama (El Leon) . . .	P. d. Guadarm.	40. 45.	6. 35.	4500	4596. B. Humboldt & Betancourt (Hertha 4.) 4362. B. Thalacker. 4326. v. Grolmann (Mill.)
Guadarama, ville . . .	*	40. 40.	6. 25.	3000	3000. Humboldt (Hth. 4.)
Penna-Lara, ou Penna-Lura, point culm. de la Sjerra de Guadarama	*	40. 45.	6. 40.?	7700	7288. A. G. E. 1813. 7716. B. Bauza. 7592 Miltenberg. 8000 X. Link. 7700. Hanssmann.
Avila, ville	. . .	40. 45.	7. 15.	3300	3270. B. Betancourt (Antillon.)
Parameras d'Avila, en général		. . . . .	. . . . .	3000	
Escurial, chateau . . .	Escur.	40. 55.	6. 30.	3300	3060. B. Betancourt. 3248. 3300. B. Humboldt (Hth. 4.) 3374. 3468. B. Bauza. (Hertha 1.)
Guadalaxaca, ville . . .	Guadal.	40. 40.	5. 55.	2200	2181. B. Antillon (Hth. 4.) 2210. B. Thalacker.
Madrid, ville	. . .	40. 25.	6. 00.	2000	2070. B. Antillon. 1962. B. Don Jorge Juan (Brug.) 2040. B. Bauza & Humboldt (Hth. 4.) 2098. A. G. E. 1823.

Noms des hts. mesurées	Abrév.	Latitd.	Longitd. à l'O.	M. dériv.	M. origin. — Méthode — Observateurs, &c.
SIERRA DE GREDOS		40° 20'	7° 45'	10000	9900. X. Bory d. St. V.
Sjerra de Gata		40. 15.	8. 50.	5500	5500 X. Link.
Sjerra de Francia		40. 40.	8. 30.	5500	5540 Bory d. St. V.
Trancoso, ville		40. 55.	9. 40.	2700	2700. X. Balbi.
SIERRA D'ESTRELLA		40. 20.	9. 40.	6000	6061. △ Franzini. 6 à 6000. Link. 7200 X. Balbi (Brug.)
Point culm. Malhao de Serro ou os Cantaros.					
Coimbra, ville		40. 15.	10. 45.	300	281. B. Eschweg.
Pombal, ville	Pomb.	40. 00.	10. 45.	300	308. B. Eschweg.
Sjerra de Melrica		39. 40. à 40. 05.	9. 30. à 10. 10.	2500	2250. B. Betancourt.
Thomar, ville	Thom.	39. 35.	10. 35.	300	300. Bruguière 1827.
la rivière				190	187. B. Eschweg.
Santarem, ville		39. 20.	11. 00.	220	216. B. Eschweg.
Monte Junto: point culminant		39. 10.	11. 20.	2050	2048. △ Franzini.
La Sjerra de Cintra: point culminant		39. 00	11. 30.	1700	1800. X. Balbi. 1615. △ Franzini.
Cap Rocca: le phare		38. 45.	11. 50.	150	150. Verdier (Balbi.)
Lisbonne, ville: la batterie du château		38. 45.	11. 30.	350	348. △ Franzini (Bruguière.)
La Sjerra de Sabugo au N. de Lisbonne	*			600	600. Verdier (Balbi.)

2me DIVISION,

entre le Tage et le Guadiana, renferme LA SIERRA DE GUADALOUPE et LA SIERRA DE MONCHIQUE.

Elévation moyenne des massifs ..... 3000.

Noms des hts. mesurées	Abrév.	Latitd.	Longitd. à l'O.	M. dériv.	M. origin. — Méthode — Observateurs, &c.
Aranjues, ville	Aranj.	40. 00.	6. 00.	1600	1602. B. Antillon (Hth. 4.) 1584. B. Humboldt (Hth. 4.)
El Corral de Almaguer, ville	E. C. d. Al	39. 55.	5. 50.	2200	2160. B. Humboldt (Hertha 4.)
Tembleque, ville		39. 45.	5. 50.	1900	1912. B. Betancourt 1924 B. Antillon (Hertha 4.)
Tolède, ville		39. 55.	6. 25.	1700	1734. B. Antillon (Hertha 4.)
Sjerra de Tolède		39. 55.	6. 25. à 7. 10.	3000	3000 G.
SIERRA DE GUADALOUPE		39. 05. à 39. 55.	7. 25. à 7. 40.	4800	4800. Bory d. St. V.

Noms des hts. mesurées	Abrév.	Latitd.	Longitd. à l'O.	M. dériv.	M. origin. — Méthode — Observateurs, &c.
Sjerra de Portalègre		39° 15'	9° 20' à 9. 40.	2000	1998. X. Balbi.
Marvao, fort		39. 25.	0. 55.	1600	1596. X. Balbi.
Palmella, bourg		38. 40.	11. 10.		
Sjerra de Palmella				820	821. △ Franzini.
Sommet de la serra de St. Luis, près de Palmella				1120	1117. △ Franzini.
Sjerra d'Arrabida	S. Arrbid.				
point culminant le Formosinho		38. 35.	11. 30.	1530	1531. △ Franzini.
Beja, ville		38. 00.	5. 10.	900	900. X. Verdier (Balbi.)
SIERRA DE MONCHIQUE: point culm. la Foya	L. F.	37. 20.	10. 55.	3700	3694. △ Franzini 3700. X. Link.
la Picota		37. 25.	10. 40.?	....	3702. X. Balbi.
Le Cap. St. Vincent	C. St. Vinc.	37. 05.	11. 20.	200	198. △ Franzini (Bruguière.)
Monte Figo, dans la sjerra de Caldeirao		37. 10.	10. 10.	1900	1876. △ Franzini.

3me DIVISION.

entre l'Ebre, la Méditerranée, la Ségura, et les sources des grands fleuves, qui à l'Ouest se jettent dans l'Océan. Les masses de montagnes de cette division, quoique assez isolées, sont néanmoins connues sous le nom général DE LA CHAINE IBÉRIQUE.

Elévation moyenne des massifs ..... 3—4000.

Noms des hts. mesurées	Abrév.	Latitd.	Longitd. à l'O.	M. dériv.	M. origin. — Méthode — Observateurs, &c.
Burgos, ville		42. 20.	6. 00.	2600	2550. B. D. Antonio Bolanno. 2694. B. Bauza.
Miranda del Ebro		42. 35.	5. 25.	1400	1416. B. Bauza.
La sjerra de Oca		42. 15.	5. 20.	5100	5100. Bory d. St. V.
Lerma, ville		42. 00.	6. 00.	2700	2661. B. Bauza.
Soria, ville, et le plateau environnant		41. 45.	4. 45.	3000	3000. G.
Sjerra de Moncayo		41. 50.	4. 10.	9000	9000. X. Léon-Dufour.
Saragossa, ville		41. 45.	3. 00.	400	400. X. Humboldt & Antillon (Hth. 4.)
Sjerra Ministra ou Mt. Bubeda, aux sources de la Tajunna & Xala		41. 00. à 41. 25.	4. 25. à 4. 55.	3800	3780. B. Humboldt & Antillon (Hth. 4.)
Molina, ville		40. 55.	4. 05.	3250	3252. B. Thalacker.
Sjerra de Molina				4200	4200. Bory d St. V
Sjerra de Albaracin		40. 40.	3. 45.	6000	6000 G.

Noms des hts. mesurées.	Abrév.	Latitd.	Longitd. à l'O.	M. dériv.	M. origin. — Méthode. — Observateurs, &c.
Collado de la Plata .	Col. d. Plat.	40° 30′	3° 00′	4450	4110. B. Thalacker. 4170. Antillon (Milt.)
Mucla de Ares	M. d. Ares.	40. 25.	2. 35	4050	4039. △ Biot & Arago. 4020. B. Antillon.
Teruel, ville	. . .	40. 25.	3. 15.	2900	2887. B. Thalacker.
Pennagolosa	Penngl.	40. 15.	2. 55.	2270	2268. Antillon (Milt. A. G. E. 1813.)
Pie d'Espadan . . . . dans les montagnes d'Espadan.	Espad.	40. 05.	2. 50.	3200	3105. △ Biot & Arago. 3348. B. Antillon.
La Casueleta, dans les mêmes montagnes		40. 05.	3. 00.	2660	2664. B. Antillon.
Cuenca, ville		40. 10.	4. 30.	3000	3000. G.
Montagues de Cuenca	. . .	. . . . .	. . . . .	5000	5000. G.
Probencio, ville		39. 30.	4. 55.	2100	2124. B. Humboldt (Hertha 4).
Albacete		39. 00.	4. 20.	2050	2046. B. Humboldt (Hertha 4.)
Almanza, ville	. . .	38. 50.	3. 30.		
Puerto de Almanza- . . .		. . . . .	. . . . .	2240	2238. B. Humboldt (Hertha 4.)
Alicante le château . . .	. . .	38. 25.	2. 80.	860	858. B. Antillon.
Murcia, ville	. . .	38. 00.	3. 30.	420	420. B. Antillon. Humboldt (Hth. 4.)

PARTIE MÉRIDIONALE,

en deux divisions, savoir:

1re DIVISION,

entre le Guadiana et le Guadalquivir, comprend *LA SIERRA MORENA* à l'Est, et plusieurs grandes masses à l'Ouest, dont le point culminant est *LE CUMBRE D'ARACENA.*

Elévation moyenne des massifs . . . 3000.

Noms des hts. mesurées.	Abrév.	Latitd.	Longitd. à l'O.	M. dériv.	M. origin. — Méthode. — Observateurs, &c.
SIERRA MORENA . . . en général	. . .	38. 15. à 38. 40.	5. 10. à 7. 00.	2500	2500. A. G. E. 1813.
Almuradiel, passage de Sr. Morena	Almr.	38. 35.	6. 00.	2280	2292. Antillon (Milt.) 2233. Hausmann. 2288. B. Antillon (Hth. 4.)
Piacho d'Almuradiel		. . . . .	. . . . .	2460	2460. Bory d. St. V.
Puerto del Rey . . .	P. d. Rey.	38. 35.	5. 45.	2000	1632. Bory d. St. V. 2142. Antillon (Milt.)
Villaharta, ville	Villahar.	39. 10.	6. 00.	1830	1824. B. Betancourt (Antillon.) 1846. B. Antillon (Hth. 4.)

Noms des hts. mesurées.	Abrév.	Latitd.	Longitd. à l'O.	M. dériv.	M. origin. — Méthode. — Observateurs, &c.
La Carolina, ville . . .	. . .	38° 25′	5° 50′	1700	1692. B. Antillon (Hertha 4.)
Cordoue, ville	. . .	37. 55.	7. 00.	750	726. B. Antillon. Humboldt (Hth. 4.)
Sjerra de Constantina, le sommet	. . .	37. 55.	8. 00.	3500	3500. Bory d. St. V.
Puerto de Monasterio	P. d. Mon.	38. 00.	8. 25.	1500	1500. Bory d. St. V.
Cumbre d'Aracena . .	. . .	. . . . .	. . . . .	5200	5100. Bory d. St. V.
Aracena, ville	. . .	8. 45.	37. 50.	1200	1200. G.

2me DIVISION,

entourée du Guadalquivir, de la Méditerranée, et de la Segura. Le plus haut massif du Système Hespérique: *LA SIERRA NEVADA*, est compris dans cette division de terrain.

Elévation moyenne des massifs . . . . . 4—6000.

Noms des hts. mesurées.	Abrév.	Latitd.	Longitd. à l'O.	M. dériv.	M. origin. — Méthode. — Observateurs, &c.
Sjerra Sacra	. . .	38. 00.	4. 45.	5600	5508. Bory d. St. V.
Sjerra de Filabres . .	. . .	73. 00. à 37. 30.	4. 10. à 4. 55.	3000	3000. G.
La montagne de Filabres		. . . . .	. . . . .	1600	1590. B. △ Don Rojas Clemente.
Cabeza de Maria . .	Cab. d. Maria.	37. 10.	4. 20.	5900	5800. B. △ Don Rojas Clemente. 5864. Antillon (Milt.)
SIERRA NEVADA . . . . en général		38. 55. à 37. 15.	5. 00. à 7. 00.	5—6000.	
Alpujarras, les points culminants, en général · · ·	Alpujarr.	36. 50. à 37. 05.	4. 50. à 8. 50.	8700	8700. Miltenberg.
Sjerra de Gador	S. Gad.	37. 00.	5. 00.	6200	6168. B. △ Don Rojas Clemente.
Cerro de Mulhacen	M.	37. 10.	5. 30.	11000	10950. B. Antillon (Hth. 4.) 10938. B. △ D. Rojas Clemente. 10875. Joseph Rodrigues.
Pic de Veleta	V.	37. 10.	5. 35.	10200	10080. B. △ D. Rojas Clemente. 10647. Joseph Rodrigues. 9297. Hertha 2.
Grenade	. . .	37. 15.	6. 00.	2200	2004. B. Antillon (Hth. 4.) 2415. Joseph Rodrigues.
Sjerra Tejada . . .	S. Tja.	37. 00.	6. 10.	6900	6690. X. D. Rojas Clemente. 7200. Bory d. St. V.
Sjerra de Alhama	S. Alham.	37. 05.	6. 45.	5500	5320. Bory d. St. V.

Noms des lieux mesurées.	Abrev.	Latitd.	Longitd. à l'O.	M. dériv.	M. origin. — Méthode — Observateurs, &c.
Sjerra de Moron / Moron, ville	...	37° 10'	7° 45'	1680	1680. Bory d. St. V.
Sjerra de Ronda, ou / Serrania de Ronda	S. Rond.	36. 20. à 36. 35.	7. 15. à 8. 10.	5640	5640. Bory d. St. V.
Ronda, ville	R.	36. 40.	7. 35.	3080	5078. Bory d. St. V.
Le rocher de Gibraltar	...	36. 10.	7. 40.	1400	1390. Cuvier. 1100. Mittenberg.

ILES BALÉARES & PITHIUSES.

Noms des lieux mesurées.	Abrev.	Latitd.	Longitd.	M. dériv.	M. origin. — Méthode — Observateurs, &c.
MAJORCA (Mallorca): / Silla Torellos	...	39° 45'	0° 30'	4700	4800. △ Méchain & Delambre. 4506. B. Cambessedes.
Puig Mayor	...	39. 35.	0. 30.	5400	5432. B. Cambessedes.
MINORCA: / Monte-Toro	...	40. 00.	1. 45.	4500	4500. Bruguière.
FORMENTERA: / La Mula	For.	38. 45.	0. 50.l'O.	580	575. △ Biot & Arago.
IVIZA: / Campvey	Iv.	39. 05.	0 45.l'O.	1210	1244. △ Biot & Arago.

V. SYSTEME GAULOIS.

POSITION GÉOGRAPHIQUE { Latitude . de 43° 01' .... à . 51° 50' / Longitude — 2. 50. à l'O. .. 6. 50. à l'E.

POSITION HYPSOMÉTRIQUE { Point culminant (le Mont d'Or) 6000. P. d. P. / Elévation moyenne { des massifs 2-4000. — / des bases . 1-2000. —

LIMITES NATURELLES: La Méditerranée, le Canal de Languedoc, la Garonne, la plaine *) de la France et de la Belgique, le Rhin, l'Aar, le lac de Genève et le Rhône.

PARTIE SEPTENTRIONALE ET CENTRALE, renferme les trois divisions suivantes, savoir:

1re DIVISION,

entre la plaine de la Belguique et de la France, la Loire, le canal du Centre, la Saône, et la Moselle. Elle comprend les petites masses et les plateaux à l'Orient de la France, dits: la *CÔTE-D'OR*, le *PLATEAU de LANGRES*, la *FORÊT D'ARGONNE*, *LES ARDENNES*, *LE HOHE-VEEN* et *L'EIFEL*.

Noms	Abrev.	Latitd.	Longitd.	M. dériv.	M. origin. — Méthode — Observateurs, &c.
Le HOHE-VEEN, Hohe-Venn, ou Hohe-Venue.	...	50. 30.	à l'E. 3. 30. à 3. 50.	2100	2148. Bruguière. 2066. Wolff.
EIFEL	...	50. 15. à 50. 25.	4. 00. à 4. 45.		
les Fagnes	Fag.	....	....	2660	2664. Decker.
Hoch Acht		....	....		2228. B. Lintz.
Kelberg		....	....		2142. Decker.
Bonn, ville	...	50. 45.	4. 40.	150	176. B. Schmidt (Hertha S.)
le Rhin		....	....		158. B. Hoffmann.
Les ARDENNES	...	49. 50. à 50. 10.	2. 00. à 3. 00.	1500	15 à 1800. Berghaus, C. phys. Milit.
Le signal de St. Hubert	...	....	....		1856. B. Lintz.
Meziers, ville	...	49. 45.	2. 25.	500	500. G.
Laon, ville	...	49. 55.	1. 20.	480	480. Berghaus, Carte phys.

*) Les limites. pour cette plaine et le système en-question, sont à peu-près déterminées par une ligne de Bordeaux à Vesel (Vs) sur le Rhin, passant par Bourg. Briarc, Troyes et Laon, et suivant les rivières, dont la direction s'accorde avec celle de cette ligne. Voyez le coloris orographique.

Noms des hts. mesurées.	Abrév.	Latitd.	Longitd.	M. dériv.	M. origin. — Méthode. — Observateurs, &c.
FORÊT D'ARGONNE . . .		48° 50' à 49. 50.	2° 00' à 3. 00.	1200	1200. C.
St. Ménéhould, ville .	St. Mh.	49. 05.	2. 30.	400	396. B. Oeynh. (Hth. 1).
Rivière des Capucins .		. . . .	. . . .	. . . .	277. B. Oeynhausen. (Hth. 1.)
Verdun, ville	Verd.	49. 10.	3. 00.	530	328. Berghaus, Carte phys. Bruguière.
Luxembourg, ville . . . à la porte.	Luxbg.	49. 40.	3. 50.	1000	1140. Berghaus, Carte phys. 1142. Miltenberg (Hth. 1.) 966. B Oeynhausen (Hth. 1).
Le plus haut plateau des environs d. Luxbg. . .		. . . .	. . . .	. . . .	1006. B. Oeynhausen (Hth. 1.)
Metz, ville . . . . . . sur le pont		49. 05.	3. 50	500	358. Berghaus, Carte phys. 455. 339. B. Oeynhausen (Hth. 1.)
Montagne du télégraphe à l'Ouest de Metz		49. 05.	3. 45.	1090	1085. B. Oeynhausen (Hth. 1)
Troyes, ville . . . . . la Seine.		48. 20.	1. 45.	310	342. Berghaus, Carte phys.
Forêt d'Othe		47. 30. à 48. 15.	1. 00. à 2. 00.	500	500 C.
Briare, ville . . . . . La Loire.		47. 40.	0. 25.	380	378. Berghaus, Carte phys.
le Canal de Briare, au point le plus haut.		. . . .	. . . .	500	498. Berghaus, Carte phys.
Auxerre, ville		47. 45.	1. 15.	610	612. Berghaus, Carte phys.
PLATEAU DE LANGRES le point le plus haut.		47. 20. à 48. 00.	2. 15. à 3. 20.	1580	1584. Berghaus, Carte phys.
Langres, ville	L.	47. 50.	3. 00.	1370	1368. Miltenberg.
Jussey, ville . . . . . (dans les prés.)		47. 50.	3. 38.	730	738. B. André de Gy. 714. Berghaus, Carte phys.
Dijon, ville	Dj.	47. 20.	2. 40.	680	708. Berghaus, Carte phys. 666. Annuaire du bureau des Longitudes. 667. Miltenberg.
Lorme, ville		47. 15.	1. 25.	1190	1194. Berghaus, Carte phys.
La Charité, ville . . . . la Loire.	L. Ch.	47. 10.	0. 40.	500	4 8. Berghaus, Carte phys.
Montagnes de Morvan	M. d. Mor.	46. 45. à 47. 15.	1. 10. à 1. 30.	1200	1200. C.
Côte d'Or		46. 50 à 47. 20.	1. 50. à 2. 40.	1710	1740. 1716. Berghaus. Carte phys.

2ᵉ DIVISION.

Bornée par le Rhin, le canal d'Alsace, le Doubs, la Saône, et la Moselle, comprend LES *VOSGES* et le *HUNDSRÜCK*.

Noms des hts. mesurées.	Abrév.	Latitd.	Longitd.	M. dériv.	M. origin. — Méthode. — Observateurs, &c.
Coblenz, ville . . . . . la Moselle.	Cobl	50° 25'	3° 15'	200	255. B. Schmidt. 201. v. Lindener (Hth. 1.) 270. Berghaus, Carte phys. 192. B. Hoffmann. 138. B. Oeynhausen. (Hth. 1.)
HUNDSRÜCK, Hochwald, Soonwald		49. 50. à 50. 20.	4. 20. à 5. 20.	2000	1883. B. Oeynhausen (Hth. 1). 2221. B. Lintz. 1977. B. Steininger (Kr. Weg. 1.)
Wald - Erbsenkopf, le point culminant de Hochwald	Erbs.	49. 50	4. 50.	2520	2521. B. Lintz.
Trèves, ville	Tr.	49. 45.	4. 20.	500	554. Bruguière. 448. B. Steininger (Kr. Weg. 1.) 516. B. Steininger (Carte.)
la Moselle				400	388. 378. B. Oeynhausen (Hth. 1.) 452. B. Lintz. 548. B. Steininger (Kr. Weg. 1.) 415. Lindener (Hth. 1.)
L'embouchure de la Saar dans la Moselle					389. B. Oeynhausen (Hth. 1)
Mayence . . . . au bord du Rhin	M.	50. 00.	5. 55.	260	256. 258. B. Schmidt de Gissen. 200 B.? Muncke. 215. △ Eckardt.
Mont - Tonnerre, ou Donnersberg . . . Königsstuhl, (le point le plus élevé.)		49. 35.	5. 55.	2100	2076. B. Lintz. 2055. B. Oeynhausen. (Hth. 1.) 2102. 2100. Miltenberg. 1992. △ Eckardt. 2090. △ Ing. franç. (Corr. ast. 1.) 2082. v. Nau (Leonh. Tasch. 20.) 2058. Berghaus, Carte phys.
Schaumburg	Schau.	49. 50.	4. 40.	1780	1780. B. Lintz.
Putzberg	Potz.	49. 50.	5. 10.	1710	1684. B. Oeynhausen (Hth. 1.) 1735. △ Ing. franç. (Corr. ast 1.) 1696. v. Nau (Leonh Tasch 20.)

Noms des hts. mesurées.	Abrév.	Latitd.	Longitd.	M. dériv.	M. origin — Méthode. — Observateurs, &c.
LE *HARDT*	. . .	48° 50' à 49. 30.	4° 50' à 5. 50.		
en général	. . .	. . . .	. . . .	10—1500.	Decker.
Calmuck, le point culminant du Hardt . . .	Calm.	49. 20.	5. 40.	2050	2076. △ Ing. français (Corr. ast. 1.) 2048. B. Oeynhausen (Hth. 1.) 2025. v. Nau (Leonh. Tasch. 20.)
Pirmasenz, ville	Pirm.	49. 15.	5. 15.	1100	1104. B. Lintz.
Les hauteurs environnantes.	. . .	. . . .	. . . .	12—1500.	Decker.
Point culminant: auf dem grossen Boll.	. . .	. . . .	. . . .	1590	1585. B. Oeynhausen. (Hth. 1.)
Landau, ville	Land.	49. 15.	5. 50	500	500. G.
Delm, ville	. . .	48. 55.	4. 05.		
Côte de Delm. . .	. . .	. . . .	. . . .	1140	1142. B. Oeynhausen. (Hth. 1.)
Dieuze, ville	. . .	48. 45.	4. 25.	620	613, B. Oeynhausen. (Hth. 1.)
Lichtenberg, ville . . .	Licht.	48. 55.	5. 10.	1280	1278. △ Ing. français. (Corr. ast. 1.)
Saarbourg, la Saar.	Saarb	48. 45.	4. 45.	710	711. B. Oeynhausen. (Hth. 1.)
Strasbourg, ville . . . . Pied de la tour.	Strbg.	48. 35.	5. 25.	450	444. Berghaus, C. phys. 446. B. Herrenschneider. 447. B. André d. Gy. 449. △ Ing. français (Corr. ast. 1.) 450. △ Huerne de Pommeuse. 465. B. △ Deleros.
Sommité de la tour . . .	. . .	. . . .	. . . .	. . . .	886. △ Ing. français (Corr. ast. 1.)
Kehl, le Rhin	. . .	. . . .	. . . .	400	424. B. Hoffmann. 339. Mon. du dep. de la guerre U.
LES *VOSGES*	. . .	47. 40. à 48. 40.	4. 15. à 5. 00.		
Élévation moyenne . .	. . .	. . . .	. . . .	2—3000.	
le grand Donon . .	Donon	48. 30.	4. 50.	3140	3130. B. Herrenschneider. 3138. B. And. d. Gy. 3118. B. Oeynhausen (Hth. 1.) 3250. B. Lintz. 5126. 3109. △ Ing. franc. (Corr. ast. 1.)

Noms des hts. mesurées.	Abrév.	Latitd.	Longitd.	M. dériv.	M. origin — Méthode. — Observateurs, &c.
St. Dié, ou Diey, la Meurthe.	S D.	48° 20'	4° 35'	1050	981. △ Mayer. 1062. B. Berger. 1052. B. And. d. Gy. 1116. Berghaus, Carte phys.
St. Marie aux Mines, ville	S. M.	48. 15	4. 50.	1180	1179. B. Berger. 1190. B. Oeynhausen (Hth. 1.) 1142 △ Mayer. 1191 B. And. d. Gy
Point culminant de la route entre St. Marie et St. Dié	. . . .	48. 20.	4. 50.	2400	2400. B. Berger.
Bressoire	Bres	48. 10.	4. 45.	3810	5816. Ann. d. Bur. des longit. 3790, △ Ing. franç. Henry (Corr. ast. ?) 3814 Annales des Voyages. 1815. Hertha 1. 3810. B. And. d. Gy.
Grand Ventrou . . .	V.	48. 00.	4. 55.	4400	4404. Berghaus, Carte phys.
Ballon de Sulz, de Murbach, ou de Guchweiler	Ball S.	47. 55.	4. 40.	4360	4368. B. André d. Gy. 4506. B. Berger. 4401. △ Ing. franç. Henry. (Corr. ast. 1.) 4322. Vierthaler (Hertha 1.) 4236. △ Mayer. 4306. B. Météor p. Cotte 2. 4321. Ann. du bur. d. Longit.
Ballon d'Alsace . . .	Ball. A.	47. 50.	4. 30.	3870	3870. B. And. d. Gy.
Source de la Moselle	. . .	. . . .	. . . .	2250	2252. B. And. de Gy.
Passage du ballon d'Alsace.	. . .	. . . .	. . . .	3600	3606. B. And. d. Gy.
Belford, ville . . . . au bord de la rivière.	. . .	47. 40.	4. 50.	1070	1080. B. André d. Gy. 1050. Berghaus, Carte phys.
Gray, ville . . . . . . au bord de la Saône.	. . .	47. 25.	5. 20.	650	642. B. André d. Gy. 624. Berghaus, C. phys.
Monts-Faucilles . . .	. . .	47. 55. à 48. 05.	5. 30. à 4. 10		
les Fourches.	. . .	. . . .	. . . .	1510	1512. B. And. d. Gy.
Source de la Saône	. . .	. . . .	. . . .	1220	1218. Berghaus, C. phys.
Epinal, ville . . . . . la Moselle.	Epi.	48. 10.	4. 05.	990	987. B. And. d. Gy.
Colmar, ville . . . . . l'Ill.	Col.	48. 05.	5. 00.	610	611. B. Mayer, Oeynhausen. 612. B. And. d. Gy. 577. B. Oeynhausen. 552. B. And. d. Gy.

Noms des hts. mesurées.	Abrév.	Latitd.	Longitd.	M. dériv.	M. origin. — Méthode — Observateurs, &c.
Canal d'Alsace, la ligne de séparation des eaux du Rhin et de la Saône.	C. d. A.	. . . .	. . . .	11—1600	B. And. d. Gy.
Val de Dieu, ou Val-Dieu.	V. d. D.	47° 30′	4° 30′	1060	1075. △ Huerne de Pommense. 1080. Berghaus, C. phys.

3ᵐᵉ DIVISION,

entre le lac de Genève, le Rhone, la Saône, le Doubs, le canal d'Alsace, (C. d. A.), le Rhin, l'Aar, et le plateau de Berne. La chaîne de *JURA* est le massif principal de cette division.

Noms des hts. mesurées.	Abrév.	Latitd.	Longitd.	M. dériv.	M. origin. — Méthode — Observateurs, &c.
Bâle, ville		47. 35.	5. 15.	850	854. B. Hugi. 850. v. Malten. 857. △ Buchwalder. 700. △ Wild. 822. B. Merian. 853. B. Ebel. 855. △? Memminger.
le Rhin				770	785. 772. B. Merian. 763. B. Hoffmann. 757. B. Hugi. 743. Hertha I. 754. Berghaus, C. phys. 700. v. Malten. 779. B. & △ Deleros.
Mont-Terrible, Terri, ou Jules-César.	M. T.	47. 25.	4. 55.	2850	2442. B. André d. Gy. 2855. Millenberg. 2970. Berghaus, Carte phys. 5040. v. Malten.
St. Hypolith, ou Hippolyt, ville.	St. Hy.	47. 15.	4. 30.	1140	1128. Berghaus, C. phys. 1156. B. And. d. Gy.
Besançon, la Citadelle.	Bess.	47. 15.	3. 45.	1150	1146. B. And. d. Gy.
Le Doubs				720	708. Berghaus, C. phys. 728. △ Huerus de Pommense. 726. B. A. d. Gy.
Poligny, ville	Polig.	46. 50.	5. 25.	910	918. B. A. d. Gy. 894. Berghaus, C. phys.
Verdun, ville Confluent du Doubs et de la Saône.	Verd.	46. 55.	2. 40.	550	528. B. Berger. 528. △ Huerne de Pommense.
Lons-le-Saulnier, ville		46. 40.	3. 15.	760	726. 750. B. And. d. Gy. 792. Berghaus C. phys.
Bourg, ville		46. 10.	2. 55.	680	684. B. And. d. Gy.

Noms des hts. mesurées.	Abrév.	Latitd.	Longitd.	M. dériv.	M. origin. — Méthode — Observateurs, &c.
Cerdon, village	Cerd.	46° 05′	3° 05′	870	956. B. Saussure 804. B. Shuckburgh. 800. G.
St. Sovelin, le Rhône.	St. S.	45. 55.	3. 05.	500	
Le *JURA*		45. 40. à 47. 25.	3. 10. à 5. 55.		
Elévation moyenne		. . . .	. . . .	3—4000.	
Mont-Colombier	M. C.	45. 55.	3. 25.	4430	4427. △ Ingénieurs Sardes. 4452. △ Coraboeuf. 4416. △ Brousaud.
Grand Colombier (?) à l'Ouest de Seyssel.		. . . .	. . . .	. . . .	4880. v. Malten.
le Reculet	R.	46. 15.	3. 40.	5260	5346. Berghaus, C. phys. 5206. 5274. B. And. d. Gy. 5196. △ Tralles.
la Dole	D.	46. 20.	3. 45.	5150	5082. Berghaus, C. phys. 5288. B. And. d. Gy. 5174. △ Tralles & Delne. 5076. B. Saussure. 5186. B. Shuckburgh.
Col de Marchéron	M.	46. 25.	3. 50.	5390	5386. B. Saussure 4585. Helvet. Alm. 1815.
Mont-Tendre	Tend.	46. 30.	4. 00.	5190	5202. △ Tralles. 5196. B. And. d. Gy. 5184. Berghaus, C. phys.
Mouthe ou Muthe, ville	Mout.	46. 45.	3. 55.	3520	3520. v. Malten.
Source du Doubs		. . . .	. . . .	. . . .	2856. B. And. d. Gy.
Mont-Suchet	Sach.	46. 45.	4. 10.	4860	4850. B. André d. Gy. 4890. v. Malten.
Yverdun, ville	Yv.	46. 45.	4. 20.	1400	1400. G.
Neuchâtel, ville	*	47. 00.	4. 55.	1580	1350. △ d'Osterwald. 1410. v. Malten.
Lac de Neuchâtel		. . . .	. . . .	1320	1314. Berghaus. C. phys. 1320. Breislak. 1340. B. v. Malten.
La Chasseron	Ch.	46. 55.	4. 20.	4960	4960. v. Malten. 4986. △ d'Osterwald.
St. Imier	St. Im.	47. 10.	4. 40.	2550	2539. △ Buchwalder. 2550. v. Malten.
Le Hasenmatte	Hasen.	47. 15.	5. 05.	4480	4484. △ Buchwalder. 4476. 4470. Millenberg. 4480. v. Malten.
Olten, ou Oltingen, ville		47. 25.	5. 50.	1540	1856. B. Merian. 1240. v. Malten.

PARTIE MERIDIONALE,

comprend deux division, savoir:

1re DIVISION,

entre la Saône, le Rhône, la Méditerrannée, le canal de Languedoc, la Garonne, le Lot, l'Allier, la Loire, et le canal du Centre. *LES CEVENNES*, prises en-général, sont la chaîne, ou la masse principale de cette espace de terrain. Elles comprennent les *MONTAGNES NOIRES*, celles de *L'ESPINOUSE*, *LES GARRIQUES*, *LES CEVENNES* proprement dites, les Montagnes *DU FOREZ*, *DU LYONNAIS*, et *DU CHAROLAIS*.

Noms des hts. mesurées.	Abrév.	Latitd.	Longitd.	M. dériv.	M. origin. — Méthode. — Observateurs, &c.
MONTAGNES DU CHAROLAIS:	M. d. Charol	46° 00' à46. 50.	2° 00' à 2. 25.		
en général				17—1800	Berghaus, C. phys.
Haute-Joux	*			3000	3000. B. Andre d. Gy. 2932. (?) Berghaus, C. phys.
Mt. St. Vincent	*	46. 35.	2. 10.	1720	1752. Berghaus, C. phys. 1604. Gauthey.
Mâcon, ville, au bord de la Saône.	M.	46. 20.	2. 30.	480	482. B. Shuckburgh. 462. B. C. d. Gy (Jour. d. Mines. au 12.) 492. B. Benon & Mathieu.
Montagnes du Mâconnais	*			2000	2000. Benon & Mathieu.
MONTAGNES DU LYONNAIS:					
Mont-Tarare	Tar.	45. 50.	2. 08.	4410	4462. Picquet. 4350. Berghaus. C. phys.
Lyon, ville, la Saône.		45. 45.	2. 30.	470	490. Hertha 11. 474. Annuaire. d. bur. d. longitdes. 452. Berghaus, C. phys. 445. B, v Buch (geogr. Beobach.) 421. B. Shuckburgh. 204. Deluc (v. Buch, geogr. Beob.)
Mont-Pilat	M. P.	45. 28.	2. 15.	3500	3500. Berghaus, C. phys.
LES CEVENNES MERIDIONALES		44. 15. à45. 15.	0. 50. à 1. 05.		
Elévation moyenne				3—4000.	
Mont-Mezenc, du Mezin.		44. 15.	1. 30.	5400	5461. B Ramond. 5406. B. Gouilly & Armand. 5400. Vanjas d St. Fond. 5000. Adanson (Reus.) 4700. Gensounc. 5322. Berghaus, C. phys.

Noms des hts mesurées.	Abrév	Latitd.	Longitd.	M. dériv.	M. origin. — Méthode. — Observateurs, &c.
Source de la Loire					4312. B. Gouilly & Arnaud.
Le Puy, ville	L. P.	45° 00'	1° 35'	1970	1925. B. Déribier. 1959 Cordier. 2016. Berghaus, C. phys.
La Lozère		44. 25.	1. 25.	4880	4884. Depping. 5184 Viollet.
Source de l'Allier					4585. B. Gouilly & Arnand.
Mende, ville, source du Lot.		44. 35	1. 40.	2460	2463. Viollet.
Montgs. d'Aubrac	M. d'Aub.	44. 40.	0. 40.	5050	5045. Viollet
Mtgs. de la Margeride:					
la Margaride	Marger.	44. 50.	1. 10.	5270	5273. Viollet.
Mont-Boissier	*				4620. B. Deribier
CEVENNES SEPTENT. ou *Mtgs. du Forez*		45. 15. à 46. 05	1. 15. à 1. 30.		
Elévation moyenne				2—3000.	
Pierre sur Haute, sommet du Mt. Herbous.	P. s H.	45. 40.	1. 25.	5560	6144. Passinge. 5100 B. Cordier & Ramond. (Brug.) 5046. △ Broussand & Nicollet. 5964 Berghaus, Carte phys.
Puy de Montoccllc	P. d. M.	45. 55.	1. 20.	5020	5042. Picquet. 4956. Berghaus, C. phys.
Vichy, ville, l'Allier.	V.	46. 05.	1. 05.	740	758. Berghaus, C. phys.
Rodez, ville		44. 20.	0. 15.	2120	2170. △ Méchain & Delambre. 2040. Berghaus, C. phys.
Mongts. de Levezou	M. d.L.	44. 10.	0. 40.	2—3000. G.	
Les Garriques	Garr.	44. 00.	1. 00.	3—4000. G.	
Mtgs. d. l'Espinouse	Esp.	43. 50. à43. 50.	0. 25. à 0. 30.	3—4000. G.	
Montpellier, ville	Montp.	43. 35.	1. 30.	90	90. Berghaus, C. phys.
Béziers, ville	Bez.	43. 20.	0. 50.	550	548. △ Méchain & Delambre.
Carcasonne, ville, le canal	Carc.	43. 15.	0. 00.	460	466. △ Méchain & Delambre.
Castelnaudary, ville	Cast.	43. 20.	0. 25. oc	630	630. B. D'Aubuisson (Brug.) 518. Berghaus, C. phys.
Le canal					
Bief de partage du canal de Languedoc.	C. d. L.	43. 20.	0. 50. oc	580	582. Gral. Andréossy. 570. Berghaus, C. phys.

Noms des hts. mesurées.	Abrév.	Latitd.	Longitd.	M. dériv.	M. origin. — Méthode. — Observateurs, &c.
Monts-Noires		43° 25′	0° 10′ oc 0. 30. or	3200	3202. Gral. Andréossy.
St Pons	S. P.	43. 30.	0. 25.	1400	1398. Berghaus, C. phys.
Mtgs. de la Caune	M. d l. C.	43. 45.	0. 00. 0. 40.	2000	2000. G.
Castres, ville		43. 35.	0. 05. oc	620	400. B. D'Aubuisson (Brug.) 763. Berghaus, C. phys.
Alby, ville, tourelle de la Cathédrale		43. 55.	0. 10. oc	740	744. △ Méchain & Delambre.
Montauban, ville	Mont.	44. 00.	1. 00. oc	540	540. Berghaus, C. phys.

2ME DIVISION,

entre la Garonne, la plaine de la France, la première division de la partie septentrionale susnommée, et la première de celle-ci. Elle renferme *LES MONTAGNES D'AUVERGNE*, y comprises celles de l'Audouze, ou l'Odouze.

Elévation moyenne des massifs . . . . **4000**.

Noms des hts. mesurées.	Abrév.	Latitd.	Longitd.	M. dériv.	M. origin. — Méthode. — Observateurs, &c.
Plomb du Cantal	Cantal.	45. 05.	0. 30.	5800	5904. Viollet. 5748. △ Delambre. 5985. Cassini (Milt.) 5720. B. Ramond. 5988. Deluc (Milt.)
Tulle, ville	Tul.	45. 15.	0. 35. oc	680	654. Berghaus, C. phys.
Bort, ville	Bo.	45. 25.	0. 05.	2650	2646. △ Méchain & Delambre. Broussaud & Nicollet.
La Dordogne					1324. Berghaus, C. phys.

Noms des hts. mesurées.	Abrév.	Latitd.	Longitd.	M. dériv.	M. origin. — Méthode. — Observateurs, &c.
MONTS-DORÉS ou Mont d'Or :					
Puy de Sancy, sommet du M. d'Or.	M. d'Or	45° 50′	0° 50′	5900	5814. 5820. △ Méchain & Delambre. 5840. Demarest, fils. 6282. △ Cassini & Maraldi (l'Académ d. sciences 1703.) 5784. Berger (Milt.) 5834. B. Ramond. 5802. △ Broussaud.
Puy des Mts. Dorés				5900	5818. 5664. B.? Puy de Banson. 6290. △? Viollet.
Ussel, ville	Us.	45. 35.	0. 05. oc	2130	2130. Berghaus, C. phys.
Puy de Dome	P. d D.	45. 45.	0. 35.	4550	4519. Puy d. Banson. 4548. B. Ramond. 4444. B. v. Buch (geogn. Beob.) 4534. △ Méchain & Delambre. 4484. Demarest. 4902. Cassini (Milt.) 4860. Maraldi. 4737. Lambert. 4509. Berger (Milt.)
Herment, bourg	H.	45. 45.	0. 15.	2540	2550. B. Ramond. 2532. △ Méchain & Delambre.
Mont Odouze	Od.	45. 40.	0. 15. oc	4200	4200. Berghaus, C. phys.
Mont Jargean	M. Jar.	45. 35.	0. 40. oc	2900	2922. Bruguière. 2925. Cannchich. 2850. Berghaus, C. phys.
Limoge, ville		45. 50.	1. 05. oc	880	882. △ Broussaud & Nicollet.
Puy-Vieux		46. 00.	0. 55. oc	2930	2928. Berghaus C. phys. 3000. Cannchich.
Montluçon, ville	Mont.	46. 20.	0. 15.	550	528. △ Méchain & Delambre.
Bourges, ville	Bourg.	47. 05.	0. 05.	490	496. △ Méchain & Delambre.

VI. SYSTÈME GERMANIQUE.

POSITION GÉOGRAPHIQUE { Latitude . de 47° 30′ . . . à . 53° 00′
{ Longitude — 5. 15. . . . à . 16. 00.

POSITION HYPSOMÉTRIQUE { Point culminant (Risenkoppe). . . . . . 5000.
{ Elévation moyenne { des massifs . . . . 1-4000.
{ des bases { N. & E. 1-800.
{ S. & O. 10-1500.

LIMITES NATURELLES: Le Rhin, la plaine de la Hollande, du pays d'Hanovre et du Brandebourg, *) l'Oder la March (ou Morava) et le Danube.

PARTIE OCCIDENTALE,

comprend trois Divisions:

1re DIVISION,

entre la plaine de la Hollande, le Weser, le Mayn à Würzbourg, le plateau entre Würzbourg et l'Jaxt, le Necker, et le Rhin, jusqu'à Vesel. Elle renferme les *petits groups* de montagnes *d'Allemagne* dits: Odenwald, Spessart, Rhöngebirge, Vogelgebirge, Taunus, Westerwald, Siebengebirge, Teutoburgerwald et plusieurs autres moins importants.

Noms des hts. mesurées.	Abrév.	Latitd.	Longitd.	M. dériv.	M. origin. — Méthode. — Observateurs, &c.
Elévation moyenne de ces groupes . . . . . 1500.					
Wesergebirge, ...	. . .	52° 15′	6° 00′ à 7. 00.		
en générale	. . .	. . . .	. . . .	6—800.	
Porta-Westphalica, le Weser.	P. W.	. . . .	. . . .	90	88. B. Berghaus (Hth. 1.) 86. Fr. Hoffmann.
Minden, ville, auf dem Kampe.	M.	52. 20.	6. 55.	160	158. B. Berghaus (Hertha 1.)
Osnabrück, ville, la Haase.	Osnb.	52. 15.	5. 45.	200	219. 197. B. Veltmann. 185. B. Fr. Hoffmann.
Dörnberg	Dörn.	52. 10.	5. 45.	1060	1025. 1097. B. Velt-
Le Bahnstapel	*	52. 08.	6. 50.	1030	950. B. Fr. Hoffmann.
Teutoburger-Wald	Teuth. Wd.	51. 50. à 52. 00.	6. 15. à 6. 40.		
en générale	. . .	. . . .	. . . .	10—1400.	
Point culmin: Velmer Stoot	*	51. 50.	6. 50.	1440	1441. B. Fr. Hoffmann.
Le Barnacken	*	. . . .	. . . .	1400	1596. B. Fr. Hoffmann.
Source de l'Elms . . .	. . .	51. 50.	6. 20.	550	554. B. Fr. Hoffmann.
Source de la Lippe . .	. . .	51. 45.	6. 25.	450	428. B. Fr. Hoffmann.

Noms des hts. mesurées.	Abrév.	Latitd.	Longitd.	M. dériv.	M. origin. — Méthode. — Observateurs, &c.
Geseke, ville	. . .	51° 40′	6° 10′	350	340. B. Emmerich. 388. B. Fr. Hoffmann.
Hamm, ville, la Lippe.	H.	51. 40.	5. 25.	180	185. B. Berghaus (Hth. 2.) 185. Fr. Hoffmann.
Düsseldorf, ville, le Rhin.	Düssel.	51. 15.	4. 50.	100	120. B. Windgassen; Schmidt. 97. △ Rhein-nivellement (Mindel.) 60. Hertha 1. 100 △ Benzroberg.
Arensberg, ville	Arnsb.	51. 25.	5. 45.	640	615. B. Emmerich; Berghaus (Hth. 1.)
Ruhr			. . . .	580	565. G. Berghaus (Hth. 1.) 594. B. Emmerich.
Rahle Astenberg . . .	K. Ast.	51. 10.	6. 10.	2540	2556. B. Emmerich.
La Sieg et le Lahn à leurs sources	. . .			1800	1764. B. Bruguière. 17 à 1900. Fr. Hoffmann.
Siegen, ville	Sieg.	50. 55.	3. 55.	850	828. B. Emmerich. 765. B. Schmidt.
La Sieg			. . . .	. . . .	
L'embouchure dans le Rhin			. . . .	. . . .	114. B. Schmidt (Bruguière.)
Siebengebirge . . .	Sie-beng.				
Lövenburg		50. 40.	4. 55.	1600	2000. △ Thomas. 1444. B. Rollmann.
Les ruines			. . . .	. . . .	1515. B. Rollmann. 1444. B. Schmidt.
Oelberg.		. . . .	. . . .	1600	1951. △ Thomas. 1444. B. Rollmann. 1473. B. Schmidt.
Westerwald	. . .	50. 20. à 50. 50.	5. 20. à 6. 00.		
Elévation générale . .	. . .	. . . .	. . . .	1—2000.	
Les hauteurs de Montabauer	Mon.	50. 25.	3. 25.	1770	1774. B. Schmidt.
Galgenberg, ou Salzburger Kopf	Gal.	50. 40.	5. 45.	2600	2604. Becker.

*) à peu-près déterminée par une ligne de Vesel (Vs.) sur le Rhin à Francfort sur l'Oder, au Nord des Wesergebirge, d'Elmberg, et du terrain ondulé entre Berlin et Dresde. Voyez le coloris orographique.

3 *

Noms des hts. mesurées.	Abrév.	Latitd.	Longitd.	M. dériv.	M. origin. — Méthode. — Observateurs, &c.
Giessen, ville, — Le Lahn.	Gies.	50° 35'	6° 20'	**440**	444. △ Eckardt. 455. Hoffmann (Brug.)
Taunus.		50. 05. à 50. 25.	5. 40. à 6. 15.		
Elévation moyenne.				**2000**	
Gross Feldberg.	Feldb.	50. 15.	6. 05.	**2650**	2631. △ Eckardt. 2606. B. Schmidt de Giessen. 2670. Eckardt (Hass.) 2592. Schmidt.
Darmstadt, ville.	Darm.	49. 55.	6. 20.	**400**	400. △ Eckardt. 541. B. Schmidt de Giest. 575.B. Eckardt (Hass.) 450. △ Ingen. franç. (Brug.)
Odenwald.		49. 50. à 50. 00.	6. 15. à 6. 55.		
Elévation moyenne.				**1200**	
Melibokus, ou Malchen.	Mlbk.	49. 45.	6. 25.	**1600**	1550. B. Eckardt (Hass): Schmidt de G. (Hh. 1.) 1600. B. Eckardt (Hessischer Almanak. 1815; Hh. 1.) 1652 △ Eckardt. 1675. B, Fr. Oeynhausen (Hh. 1.) 1677. △ Ingen. franç. (Brug.)
Oelberg, le sommet: Edelstein.	Oelb.	49. 50.	6. 25.	**1550**	1403. B. Oeynhausen. (Hh. 1.) 1542. B. Munke. 1510. B. Eckardt (Hass.)
Katzenbuckel.	Katzb.	49. 50.	6. 50.	**1880**	1880. B. Munke. 1850. B. Eckardt. (Hass.) 1832. △ Eckardt.
Miltenberg, ville. — le Mayn.		49. 40.	6. 55.	**400**	599. B. Oeynhausen.
Würtzbourg, ville.		49. 45.	7. 35.	**600**	516. B. Schön. (Hh. 12.)
Le Mayn.				**560**	557. B. Schön. (Hh. 1 & 12.)
Spessart.		49. 50. à 50. 15.	6. 50. à 7. 20.		
Elévation moyenne.				**1200**	
Geiersberg.		49. 55.	7. 05.	**1900**	1900. B. Klauprecht.
Aschaffenbourg, ville.	Aschf.	50. 00.	6. 45.	**500**	516. B. Klauprecht.
Le Mayn.				**330**	330. G.
Rhöngebirge, ou Hohe-Rhöne.		50. 15. à 50. 45.	7. 20. à 7. 50.		
Elévation moyenne.				**2000**	
Kreuzberg, le sommet.	Rhön.	50. 25.	7. 35.	**2800**	2838. B. Hoffmann. (Bruguière.) 2855. Riedl. 2000. B. Schneider. 2855. Heller.

Noms des hts. mesurées.	Abrév.	Latitd.	Longitd.	M. dériv.	M. origin. — Méthode. — Observateurs, &c.
Dammersfeld.	*			**2800**	2848. Riedl. 2574. B. Moll (Brug.) 2841. B. Schneider. 2829. Heller.
Wasserkoppe.	*			**2800**	2840. Riedl.
Frankenheim, village.	F.	50° 35'	7° 15'	**2300**	2307. B. Sartorius. 2326. B. Schrön.
Fulda, ville.	Fu.	50. 30.	7. 20.	**840**	858. B. Schneider. 834. Hoffmann (Brug.)
Vogelgebirge.		50. 25. à 50. 55.	6. 55. à 7. 05.		
L'Oberwald, ou Sieben Ahorn.				**2300**	2280. B. Schmidt.
Le Taufstein.					2371. △ Eckardt.
Source de la Nidda.					2142. B. Schmidt.
Meisner Berg, hohe Mahlstein.	Meis.	51. 10.	7. 30.	**2270**	2184. B. Schaab. 2356. B. Fr. Hoffmann.
Cassel, ville.	C.	51. 20.	7. 10.	**460**	486. B. Hoffmann (Bruguière); Ann. d. longit. 418, B. Fr. Hoffmann.
La Fulda.				**420**	418. B. Fr. Hoffmann.
Habichtswald, où est placé l'Hercule de Wilhelmshöhe.	*	51. 20.	7. 05.	**1500**	1400. M. Héron de Villefosse. 1727. Fr. Hoffmann.
Le Confluent de la Fulda et de la Werra à Münden.				**390**	384. B. Fr. Hoffmann.

2ᵐᵉ DIVISION,

principalement formée du *Schwarzwald*, (forêt noire) entre le Necker et le Rhin.

Noms des hts. mesurées.	Abrév.	Latitd.	Longitd.	M. dériv.	M. origin. — Méthode. — Observateurs, &c.
Mannheim, ville, Observatoire.	Man.	49. 30.	6. 10.	**350**	356. Sartorius. 302. △ Ing. franç. (Corr. ast. f.) 358. B. Oeynhausen (Hh. 1.) 352. B. Schön. (Hh. 1.)
Le Rhin.				**280**	284. B. Memminger. 262. B. Oeynhausen. (Hertha 1.) 258. B. Eckardt (Hass.) 233. Beazenberg.

Noms des hts. mesurées.	Abrév.	Latitd.	Longitd.	M. dériv.	M. origin. — Méthode. — Observateurs, &c.
Kaiserstuhl, ... le sommet: die neun Linden.	. . .	48° 25'	6° 25'	1700	1736. Wild. 1762. Wucherer. 1755. B. Fröbel. 1752. Ahnke. 1680. B. Eckardt (Haas.) 1687: △ Eckardt.
Carlsruhe, ville	Carlsr.	49. 00.	6. 05.	580	572. Berghaus, C. phys. 561. B. Böckmann. 580. B. & △ Hertha 10. 590. B. Memminger (Bach. v. Würtem.)
Stuttgard, ville . . .	Stutt.	48. 45.	6. 50.	800	761. Berghaus, C. phys. 812. B. Oeynhausen (Hertha 1.) 739. 769. 751. B. Schübler. 837. B. & △ Hertha 10.
LE SCHWARZWALD . . .		47. 40. à 48. 50.	5. 20. à 6. 10.		
Elévation moyenne . .		. . . . .	. . . . .	2—5000.	
Katzkopf . . . . . . (Hornisgrinde; Hornisgrund.)	Katsk.	48. 55.	6. 00.	5600	5616. B. Fröbel. 5605. △ Bohnenberger.
Randel	K.	48. 10.	5. 45.	3900	3904. Wild. 5909. △ Bohnenberger.
Le Danube à Donaueschingen.	*	47. 55.	6. 10.	2000	2047. B. Oeynhausen (Hth. 1.)
Source du Necker à Schwenningen.	*	48. 05.	6. 15.	2100	2148. Schübler. 2084. Böckmann.
Feldberg	Feldb.	47. 55.	5. 55.	4600	4608. Wild. 4566. Bohnenberger. 4595. B. Böckmann. 4593. B. Bohnenberger. 4597. B. Michaelis.
Freiburg	Fr.	48. 00.	5. 30.	870	865. B. Michaelis. 860. B. Oeynhausen (Hertha 1.)
Villingen, ville . . .	Vill.	48. 05.	6. 05.	2150	2181. B. Oeynhausen (Hth. 1.) 2152. Böckmann.
Oberndorff, ville . .	Ob.	48. 20.	5. 15.	1570	1843. B. Oeynhausen (Hertha 1.) 1805. B. Michaelis.
Le Necker		. . .	. . .	1400	1404. B. Oeynhausen (Hth. 1.)
Baden, ville	Bad.	48. 45.	5. 55.	550	553. 544. B. Oeynhausen (Hth. 1.) 616. B. Böckmann. 622. B. Fröbel.

3ME DIVISION,

entre le Necker, le Danube, la Naab, la Regnitz, le Mayn, et les limites de la première division entre le Mayn et l'Jaxt. RAUHE-ALP (Alpes de Souabe) est le seul massif de cette division.

Noms des hts. mesurées.	Abrév.	Latitd.	Longitd.	M. dériv.	M. origin. — Méthode. — Observateurs, &c.
RAUHE-ALP	. . .	48° 00' à 48. 50.	6° 10' à 7. 30.		
Elévation moyenne . .	. . . .	. . . . .	. . . . .	2—3000.	
Hohenberg, ... ruines du château, le point culm. de l'Alp.	Hohb.	48. 20.	6. 55.	5160	5160. Schübler; Buckmann.
Rossberg	Rb.	48. 25.	6. 50.	2680	2682. Berghaus, C. phys. 2676. B. Bohnenberger (Brug.).
Sternberg	Sternb.	48. 30.	7. 05.	2600	2614. △ Bohnenberger. 2554. Schübler.
Buttenhausen, ville, niveau du Lauter.	Butt.	48. 25.	7. 15.	1900	1881. Schübler.
Aalbuch	. . .	48. 55.	7. 05. à 7. 50.	2200	2177. Schübler.
Hohenstaufen	Hoh.	48. 45.	7. 29.	2100	2123. Schübler.
Aalen, ville, le Kocher.	Aal.	48. 50.	7. 45.	1500	1514. Schübler.
Königsbronn, ville .	Könb.	48. 45.	7. 30.	1550	1542. Schübler.
Nördlingen, ville .	Nördl.	48. 50.	8. 05.	1260	1200. G.
Ulm, ville	. . .	48. 25.	7. 40.	1500	1520. Lupin (Hertha 1.) 1501. Schübler.
Le Danube				1400	1452. 1404. Böckmann. 1167. Mém. d. dep. d. l. guerre 8 Vol.
Ingolstadt, ville . .	Ingol.	48. 45.	0. 05.	1160	1142. B. Berghaus. 1160. B. Weiss (Bgh. Ann. 5.) 1212. Bruguière.
Le Danube				1100	1000. Miltenberg. 1025. Mém. d. de p. d. l. guerre 8. 1100. B. & G. Berghaus (Bgh. Ann.5.)
Nüremberg, ville, on der Fischerbrücke.	. . .	49. 30.	8. 45.	1000	1080. Miltenberg. Hoffmann. (Brug.) 1041. △ Bonne & Broussaud. 945. B. Hazzi.
Ansbach, ville	. . .	49. 20.	8. 15.	1100	1100. Miltenberg.
Würzburg, chateau .	Whg.	49. 00.	8. 40.	1900	1906. △ Bonne & Broussaud.
Halle . . . . (Schwäbisch Hall.)	. . .	49. 05.	7. 25.	800	804. B. Oeynhausen (Hth. 1.)
Jaxtfeld, ville . . . le Necker.	Jaxt.	49. 15.	6. 50.	440	444. 432. Schübler.
Plochingen, ville, le Necker.	Plo.	48. 45.	7. 05.	770	772. Schübler.

PARTIE CENTRALE,

renferme trois divisions, savoir :

1re DIVISION,

entre l'Aller, (ou la plaine du pays d'Hanover) l'Elbe, une ligne de Nördlingen à Holzminden par Göttingue, et le Weser. Le petit groupe du *Harz* et une partie de la chaîne des *Wesergebirge* y sont les montagnes les plus remarquables.

Noms des hts. mesurées.	Abrév.	Latitd.	Longitd.	M. dériv.	M. origin. — Méthode. — Observateurs, &c.
Wesergebirge (voyez la première division de la partie occidentale.)					
Hanover, ville, la Leine.	H.	52° 20'	7° 25'	200	141. Hoffmann. (Brug.) 202. Kastner. 243. Miltenberg. 210. B. Fr. Hoffmann.
Le Lindnerberg	*	. . .	. . .	580	584. B. Fr. Hoffmann.
Holzminden, ville, le Weser.	Hlm.	51. 45.	7. 05.	260	294. Miltenberg 273. B. Lachmann. 249. B. Hoffmann (Bergh. Ann. 1.) 270. B. Fr. Hoffmann.
Sollingerwald	Soll.	51. 50. à 52. 10.	7. 20.	10—1200.	
Moosberg				1570	1586. B. Lachmann. 1543. 1577. B. Fr. Hoffmann. (lith. 12; Orogr. Verhält.)
Göttingue, ville, la Leine.	Gött.	51. 30.	7. 55.	450	324. B. Schön. 326. Rosenthal (Brug.) 328. Miltenberg. 411. Lichtenberg (Brug.) 480. Hoffmann. (Brug.) 422 & 454. B. Fr. Hoffmann (Bergh. Ann. 1; Orogr. Verhält.) 420. 426 Miltenberg.
Nordhausen, ville	Nord.	51. 50.	8. 50.	680	678. B. Fr. Hoffmann. (Bgh. Ann. 1.)
Quedlinbourg, ville	Qued.	51. 45.	8. 50.	400	428. B. Lachmann. 584. B. Fr. Hoffmann. (Hertha 11.)
Magdebourg, ville	M.	52. 10.	9. 20.	210	234. Miltenberg. 204. Kastner.
l'Elbe				130	128. △ Hertha 5.
Elmberg (Kuksberg)		52. 10.	8. 20.	1050	1098. B. Lachmann. 1043. B. Fr. Hoffmann.

Noms des hts. mesurées.	Abrév.	Latitd.	Longitd.	M. dériv.	M. origin. — Méthode. — Observateurs, &c.
Brunswic, ville	B.	52° 15'	8° 10'	330	330. B. & △ Hanke, Berghaus & Schumacher (lith. 11.)
L'Oker		. . .	. . .	250	202. Lachmann. 210. B. Fr. Hoffmann.
Bodenburg, ville	Bod.	52. 00.	7. 40.	480	476. B. Lachmann.
Le Harz		51. 53. à 52. 00.	7. 50. à 8. 45.		
Elévation moyenne		. . .	. . .	2000	
Brocken	Brock.	51. 50.	8. 15.	3500	3492. B. Lachmann. 3309. B. Berghaus & Oesfeld (lith. 11.) 3307. △ Gauss. (lith. 11.) 3328. Gersdorff. 3302. Pfeid. Heinrich 3489. Lasius. 3273. Exleben. 3480. Fr. Schultz. 3276. Lindener. 3496. Silberschlag. 3486. Héron de Villefosse. 3485. Rosenthal (Milt.) 3368. Zöllner, Karsten. (Milt.)
La tourelle sur la maison de Brocken		. . .	. . .	3540	3510. △ Gauss (Kr. Weg. 4.)
Bruchberg	*	51. 45.	8. 10.	2750	2759. B. Lachmann. 3048. Héron de Villefosse. 2725. Lasius. 2699. Rosenthal (Milt.)
Wormberg	*	51. 43.	8. 15.	2900	2880. Héron de Villefosse. 2867. Lasius. 2851. Rosenthal (Milt.) 3028. Fr. Hoffmann.
Achtermannshöhe	*	51. 45.	8. 15.	2700	2706. Héron de Villefosse. 2603. Lasius. 2680 Rosenthal (Milt.) 2879. Fr. Hoffmann.
Rammelsberg	*	51. 55.	8. 05.	1860	1914. Héron de Villefosse. 1820. Lasius. 1830. Fr. Hoffmann.
Clausthal, ville	*	51. 50.	8. 00.	1800	1988. Deluc. 1740. Rosenthal. 1758 Héron de Villefosse.

2ᵐᵉ DIVISION,

entre une ligne de Holzminden à Nordlingen par Göttingue, la Saale, les sources du Mayn, de l'Eger et du Naab, la Regnitz, le Mayn, la Werra, et le Weser, comprenant le *THÜRINGERWALD* (Forêt de Thuringe), l'Eichfeldischesgebirge et le petit groupe de *FICHTELGEBIRGE*.

Noms des hts. mesurées.	Abrév.	Latitd.	Longitd.	M. dériv.	M. origin. — Méthode. — Observateurs, &c.
EICHFELDISCHES GEBIRGE, ...	Eichf.	51° 20'	8° 00'		
en général		. . .	. . .	1000	
Ettersberg	Etter	51. 00.	8. 55.	1500	1260. B. Lindenau. 1851. △ Enke (ast. Nachr. 1.) 1407. Rosenthal. (Milt.)
Weimar, ville	Weim.	51. 00.	9. 00.	700	600. B. Fr. Hoffmann. (Karsten 1.) 714. B. Filz.
l'Ilm, ...				630	659. B. Filz. 608. B. Fr. Hoffmann. 650. Milkenberg.
Gotha, ville	G.	50. 55.	8. 25.	1000	987. △ Brgh. Ann. 1. Kr. Weg. 1. 976. B. Fr. Hoffmann (Karsten 1.) 960. △ & B. Bär, v. Hoff, Schrön (Kr. Weg. 1.) 1010 & 912, △ & B. Hertha 5.
L'Observatoire de Seeberg	*	. . . . .	. . . . .	1200	1127. △ Gauss & Enke, (Kr. Weg. 1.) 1192 △ & B. Hertha 5. 1220. △ Enke (Schm. ast. Nach. 1.)
Döllstedterberg . . .	*			1370	1376. B. Fr. Hoffmann (Karsten 1.)
THÜRINGERWALD		50. 25. à 50. 55	8. 00. à 9. 00.		
Elévation moyenne . . .		. . . . .	. . . . .	2000	
Inselberg	In.	50. 50.	8. 10.	2900	2921. Fr. Hoffmann. 2454. B. Lindenau. 3127 B. Voigt. 2852. Zach. (Milt.) 2791. B. v. Hoff. 2949. △ Enke (Schm. ast. Nach. 1.)
Schneekopf, ... ou Beerberg, sommet du Thüringerwald.	Sch.	50. 45.	8. 25.	3100	2973. Feer. 2673. B. Lindenau. 3042. B. Hoffmann (Bruguère.) 2886. Zach. (Militenb. 3043. △ Enke (Krit. Wegw. 1.) 3141. △ Enke (Schm. ast. Nach. 1.) 3316. Voigt. 3513. B. & △ v. Hoff. 3141. B. & △ Hertha 5.
Dolmarberg	D.	50° 40'	8° 10'	2300	2184. Feer. 2370. Hassel. 2463. △ Enke (Schm. ast. Nach. 1.)
Blessberg . . . . . . (Source de la Werra.)	Bles.	50. 30.	8. 45.	2700	2574. Feer. 2760. B. Lindenau. 2598. Hassel. 2794. △ Enke (Schm. ast. Nach. 1.)
Gross Gleichberg . . .	G. H.	50. 20.	8. 20.	2250	2211. △ Enke (Schm. ast. Nach. 1.)
Hass Berg		50. 10.	8. 15.	1550	1548. Riedl.
Cobourg, ville	Cob	50. 15.	8. 40.	880	876. B. Hoffmann (Bruguière, Milt.)
Frankenwald		50. 10. à 50. 20.	9. 10. à 9. 40.		
Le Sieglitzberg		. . . . .	. . . . .	2200	2198. Reichard. 2245. B. A. G. E. 1808. Aster.
Le grand Kornberg .	Kornbg.	50. 10.	9. 50.	2600	2760. B. Goldfuss & Bischof. 2516. B. Hoffmann (Bgh. Ann. 4.)
Source de l'Eger . .		. . . . .	. . . . .	2200	2205. B. Hoffmann (Bgh. Ann. 4.)
FICHTELGEBIRGE, . .		49. 50. à 50. 10.	9. 15. à 9. 55.		
en général				2—3000.	
Ochsenkopf	Ochkpf.	50. 00.	9. 50.	3200	4920. Klinger. 3620. Silberschlag. 3470 v. L. (Milt.) Riedl. 3391. B. Goldfuss & Bischof. 3617. Fabri. 3424. B. △ Röpert. 3125. B. Weiss & Hoffmann (Bgh. Ann. 4.)
Schneeberg	*			3300	3266. Riedl. 3467. B. Goldfuss & Bischof. 3682. Fabri. 3292. Bürg. 3214. Klinger; Gersdorff. 5071. David (Milt.) 3221. B. Hoffmann (Bgh. Ann. 4.) 3289. B. & △ Röpert.
Thurndorf, ville . .	Th.	49. 45.	9. 20.	2000	1991. △ Bonn & Brousand.
Source du Mayn . .				2900	3000. Hoffmann (Brug.(2863. B. & △ Röpert.
Source de la Saale (Saalbrunnen.)				2400	2152. B. Hoffmann (Bgh. Ann. 4.) 2858. Bruguière.
Source de la Naab		. . . . .	. . . . .	2700	2592. 2892. Bruguière 1850. 1827

3ᴹᴱ DIVISION,
formée par la Saale, l'Eger et l'Elbe, comprend LES ERZGEBIRGE (Montagnes métalliques.)

Noms des hts. mesurées.	Abrév.	Latitd.	Longitd.	M. dériv.	M. origin. — Méthode. — Observateurs, &c.
ERZGEBIRGE	. . .	50° 45' / 50. 55.	10° 00' / 11. 30.		
Elévation moyenne .	. . .	. . . .	. . . .	2—3000.	
Le Sonnenwirbel, le Schwarzwald, ou le Keilberg, point culm. des Erzgebirge.	*	50. 25.	10. 40.	3800	3870. B. David (Brug.) 3769. B. Hallaschka (Bgh Ann. 4.) Charpentier.
Le Fichtelberg . . . (le petit Fichtelberg.)	Fich.	. . . .	. . . .	3700	3822. B. v.Dechen. 3486. B. Charpentier. 3756. B. Héron de Villefosse. 3648. Vierthaler. 3751. Miltenberg.
Schneeberg	Sch.	50. 50.	11. 45.	2100	1902. △ David. (Brug.) 2148. B. Hallaschka.
Brix, ou Brüx, ville	Bx.	50. 35.	11. 15.	650	636. B. Hallaschka.
Mittelgebirge.	Mtge.				
Donnersberg, point culminant.	. . .	50. 30.	11. 35.	2500	2496. B. Hofer (Renn) 2514. B. Hallaschka. 2641. Hoser (Milt.)
Dresde, ville	DRES.	51. 03.	11. 25.	550	554. B. Winkler (Hth. 3.) 506. B. Berghaus (Hth. 2.) 592.*) B. Lohrmann, & Mädler (Bgh. Ann. 3.)
L'Elbe	. . .	. . .	. . . .	270	280. Miltenberg. 262. B. Berghaus (Hth. 2.)
Freyburg, ville	Frbg.	50. 55.	11. 00.	1200	1191. B. Héron de Villefosse (Reng.) 1232. B. v. Dechen. 1145. Ann. des longit.
Marienberg, ville . . .	Mbg.	50. 40.	10. 50.	1860	1860. B. Charpentier.
Schneeberg, ville . . .	Schb.	50. 55.	10. 20.	1450	1464. Miltenberg. 1411. B. v. Dechen.
Plauch, ville	Pl.	50. 30.	9. 30.	1050	1041.B.Wiemann. 1048. Miltenberg.
Schleiz, ville	Sch.	50. 55.	9. 55.	1450	1455. 1426. B. Astre. (M. C. 1842.)
Leipzig, ville	Leip.	51. 20.	10. 00.	320	346. 321. 336. Miltenberg. 306. B.v.Dechen.
L'Elster				260	262. Schmiedel.

Noms des hts. mesurées.	Abrév.	Latitd.	Longitd.	M. dériv.	M. origin. — Méthode. — Observateurs, &c.
Halle, ville	H.	51° 30'	9° 40'	500	549. Hoffmann (Gilberts Ann. 1824.) 505. B. Winkler & Berghaus (Hertha 7.) 281. B. Fr. Hoffmann (Bergh. Ann. 4.)
La Saale				250	277 B. Fr. Hoffmann (Bgh. Ann. 4.) 225. B. Fr. Hoffmann. (Geogr. Verhält.) 236. B. Fils.
Le Petersberg	P.	51. 55.	9. 40.	900	1086. Grille. 837. B. Fr. Hoffmann.
Torgau, ville	Torg.	51. 55.	10. 40.	500	560. Bruguière. 262. 276. B. Berghaus (Hertha 2.)
L'Elbe	. . .	. . .	. . . .	240	240. G.
Wittenberg, ville, l'Elbe.	Witt.	51. 50.	10. 20.	200	151. B. Charpentier. (Brug.) 137. Miltenberg. 205. B. & △ Hertha 3.

PARTIE ORIENTALE,
en deux Division, savoir:

1ʳᵉ DIVISION,

entre la Naab, le Danube, l'Iglawa, la Zassawa, la Moldau et l'Eger. La chaîne du BÖHMERWALD et une partie du plateau entre la Moravie et la Bohème, connu sous le nom de ZDARSKY-HORY (ou Montagnes de la Moravie) constituent les hauteurs principales de cette division.

Noms des hts. mesurées.	Abrév.	Latitd.	Longitd.	M. dériv.	M. origin. — Méthode. — Observateurs, &c.
Eger, ville	. . .	50. 05.	10. 05.	1350	1356. B. Goldfuss & Bischof. 1355. B. David (Bergh. Ann. 4.) 1322. B. David & Mayer (Hth. 3.)
La rivière d'Eger . . .				1300	1273. B. Markel & Sommer (Hth. 3.) 1300. B. Markel & Sommer. (Bgh. Ann. 4.)

*) Si l'on prend, d'après les Annales de Mr. Berghaus, Tome 3, cette hauteur pour la plus exacte, il faut augmenter plusieurs de celles de la Bohème et de la Saxe de 60 à 80 pieds. Le niveau, p. E. de l'Elbe sera donc probablement à Leitmeritz 450, à Teschen 570, &c.

Noms des hts. mesurées.	Abrév.	Latitd.	Longitd.	M. dériv.	M. origin. — Méthode. — Observateurs, &c.
Karlsbad, ville	Kb.	50° 15′	10° 40′	1200	1243. B. v. Dechen. 1122 △ David (Bruguière.) 1177 B. Berghaus (Hth. D.) 1160. B. Mogalla (Hth. A.)
La rivière de Tepl	...	...	...	1100	1092. B. Mogalla (Brug.) 1135. B. Berghaus (Hth. D.) 1060. B. David (Hertha 5.) 1071. B. Hallaschka (Bgh. Ann. 4.)
Saaz, ville	S.	50. 15.	11. 15.	750	728. B. Berghaus (Hertha D.)
L'Eger		...	...	620	622. B. Berghaus (Hertha D.)
Liebkowitz, ville	L.	50. 10.	11. 00.	1500	1511. B. Berghaus (Hertha D.)
Buchau, ville	B.	50. 10.	10. 45.	2100	2056. B. Berghaus (Hertha D.)
Pilsen, ville	...	49. 45.	11. 05.	850	852. △ David (Bruguière.)
Klattau	Klatt	49. 25.	11. 00.	1200	1200. B. David (Bruguière.)
Prague, ville	Prag	50. 05.	12. 05.	600	640. B. Berghaus (Bgh. Ann. 1.) 589. B. Hallaschka & Berghaus (Bgh. Ann. 1.) 582. B. David (Bgh. Ann. 1.) 574. B. Hallaschka & Schumacher (Bergh. Ann. 2.)
La Moldau		...	...	500	510. Bruguière. 496. B. David & Hallaschka (Bgh. Ann. 1.) 480. Miltenberg.
Böhmerwald		48. 20. à 50. 00.	10. 00. à 12. 00.		
En général		...	...	2—3000.	
Plan, ville	...	49. 55.	10. 25.	1550	1542. △ David (Bruguière.)
Tachau, ville	Tach	49. 50.	10. 20.	1430	1431. △ David (Bruguière.)
Teinitz, ville	Tei.	49. 55.	10. 40.	1060	1062. B. David. (Bruguière.)
L'Arber, ou Aidweick.	...	49. 10.	10. 45.	4400	4387. Riedl. 4320. △ David (Brug.) 5810. F. Pelzer (Milt.)
Rachel	...	49. 00.	11. 05.	4300	4460. Riedl. 4278. B. v. Sternberg (Brug.) 5702. F. Pelzer (Milt.)

Noms des hts. mesurées.	Abrév.	Latitd.	Longitd.	M. dériv.	M. origin — Méthode — Observateurs, &c.
Plockenstein	Ploek.	48° 40′	11° 50′	4200	4176. Bory St. V. (Dict. d'hist. nat.)
Dreysesselberg	Dreys	48. 45.	11. 25.	3800	3798. B. v. Sternberg (Brug.) 3752. Kleemann. 3972. Ersch & Gruber. 2798. Kayser.
Schönningerberg	Sb.	48. 50.	11. 50.	5400	5361. Kr. Weg. 2.
Friedberg, ville	F.	48. 40.	11. 50.	2150	2142. Kr. Weg. 2. 2148. B. David (Brug.)
La Moldau				2060	2061. B. David (Hertha D.)
Leonfelden, ville	L.	48. 50.	11. 55.	2150	2154. B. v. Gerstner.
Wildberg, ville	W.	48. 25.	11. 55.	1580	1576. B. v. Gerstner.
Gutenbrunnen, ville	Gut.	48. 25.	12. 50.	2480	2484. B. Triesnecker.
Krems, ville	Kr.	48. 25.	13. 15.	540	557. B. v. Gerstner.
Gefäll, ville	...	48. 30.	13. 10.	1720	1670. B. v. Gerstner. 1776. B. Triesnecker.
Eggenburg, ville	Eg.	48. 40.	15. 50.	1050	1050. B. Triesnecker.
Zwettel, ville	Zw.	48. 40.	12. 55.	1460	1585. B. v. Gerstner. 1548. B. Triesnecker.
Kohautberg	Kh.	48. 45.	12. 50.	2680	2676. Kr. Weg. 2.
Gemünd, ville	Gmd.	48. 50.	12. 40.	1800	2112. Miltenberg. 1575. B. v. Gerstner.
Budweis, ville	Budw.	49. 00.	12. 05.	1130	1134. B. David (Krit. Weg. 2.) 1002. B. v. Gerstner. 1102. Miltenberg
Wessely, ville	Wsl.	49. 10.	12. 25.	1280	1284. Kr. Weg. 2

2ᵐᵉ DIVISION.

comprise entre la March (ou la Morawa), l'Oder, la plaine de Brandebourg, l'Elbe, la Moldau, l'Iglawa, et la Zassawa; elle renferme LES SUDÈTES, LES RIESENGEBIRGE, (Montagnes des Géans), les Montagnes de la Lusace et la partie orientale de Zdarsky-hory.

Elévation moyenne des massifs ..... 2—4000.

Les Zdarsky-hory, entre la Moravie et la Bohème, } en général jusqu'à ..... 2000.

	Abrév.	Latitd.	Longitd.	M. dériv.	M. origin — Méthode — Observateurs, &c.
Deutsch-Brodt, ville	D. Brod.	49. 55.	15. 15.	1200	1200. G.
Kreuzberg	Klbg.	49. 55.	15. 55.	2040	2040. Bory St. V. (Dict. d'hist. nat.)
Leobschütz, ville	Leob. sch.	50. 15.	15. 30.	860	812. 919. B. Schramm.
Kosel, ville	...	50. 25.	15. 45.	500	506. Bruguière.

Noms des hts. mesurées.	Abrév.	Latitd.	Longitd.	M. dériv.	M. origin. — Méthode. — Observateurs, &c.
Neisse, ville . . . . . . la Neisse.	...	50° 30'	13° 03',	600	594. Miltenberg.
Freiwalde, ville . . .	Freiw.	50. 15.	14. 35.	1300	1290. B. Langniekel.
LES SUDÈTES	...	50. 00. à 50. 30.	14. 00. à 15. 20		
En général				5000	
Altvater	...	50. 05.	14. 10.	4350	4341. B. Bayer.
Schneeberg . . . (Glatzer Schneeberg)	Schn.	50. 10.	14. 30.	4350	4483. B. Carte minéral. 4272 △ David (Bruguière.)
Source de la Neisse . . .	...	50. 10.	14. 30.	3000	2750. B. Carte minéral.
Glatz, ville	Gla.	50. 25.	14. 25.	950	912. B. Mädler. 961. B. Berghaus (Bergh. Ann. 1.) 960. B. v. Lindener" (Hertha 6; Bgh. Ann. 1.)
La Neisse	...			900	912. B. Carte minéral.
Reinerz, ville	Rein.	50. 25.	14. 05.	1690	1680. & 1736. B. Jungnitz. 1668. & 1654. B. Berghaus (Bergh. Ann. 1.)
Le Weisseritz				1600	1605. B. Berghaus (Bgh. Ann. 1.) 1612. B. Jungnitz. 1584. B. Mädler.
Königsgrätz, ville . .	König-g.	50. 15	13. 30.	750	812. 806. Berghaus (Bgh. Ann. 1.) 716. B. Hallaschka. 696. David (Brug.)
L'Elbe				680	613. B. David. (Brug.) 742. B. Berghaus (Bgh. Ann. 1.)
Hohen-Elbe	Hoh. E.	50. 40.	13. 15.	1450	1446. B. Hoser (Brug.)
RIESENGEBIRGE		50. 30. à 51. 00.	12. 30. à 14. 00.		
En général				3—4000.	
Iserkamm	Iser K.	50. 50.	13. 00.	4000	3900. Bruguière (1827.)
Grosse Sturmhaube .	*	50. 45.	13. 20.	4550	4384. Hoser (Miltenb.) 4340. Charpentier.
Grosses Rad	*			4700	4702. Charpentier. 4661. v. Gersdorff.

Noms des hts. mesurées.	Abrév.	Latitd.	Longitd.	M. dériv.	M. origin. — Méthode. — Observateurs, &c.
Riesenkoppe, ... ou Schneekoppe.	Ries K.	50° 45'	13° 25'	5000	4962. B. Scholz & Feldt. 4947. 4971. B. Hawliczeck. 5037. B. Siebenhaar. 4960. △ David (Brug.) 4950. Lindener (Milt.) Charpentier. 4920. v. Gersdorf. 4881. Hoser; Gerstner (Milt.) 4724. Felbinger.
Source de l'Elbe (Elbbrunnen.)	...			4450	4451. B. Gruber (Brug.) 3449. Gerstner (Reuss.)
Friedland, ville . . .	Frdl.	50. 40.	13 53.	1500	1302. Miltenberg
Eulengebirge	Enl.	50. 53.	14. 15.		
Hohe Eule	...			3100	3326. v. Gersdorff. 3036. Charpentier. 3082. B. Scholz & Feldt.
Sonnenkoppe	...			2340	2740. Charpentier.
Zohtenberg	...	50. 50.	14. 25.	2250	2290. B. Scholz & Feldt. 2151. B. Bayer. 2318. Charpentier. 2224. v. Gersdorff. 2160. Scheibel. 2142. Felbinger.
Breslau, ville, l'Observatoire.	...	51. 03.	14. 50.	400	388. 400. Miltenberg 123 & 411. B. Jungnitz & Berghaus.
l'Oder	...			380	373. B. Jungnitz.
Grädlitz Berg	...	51. 10.	13. 25.	1200	1298. B. Berghaus (Hh. 5.) 1253. △ v. Lindener (Hh. 5.)
Mtgs. DE LA LUSACE (Wohlischekamm). en général	...	50. 30. à 51. 00.	11. 30. à 12. 50.	1—2000.	
Jeschkenberg . . .	Jes. B.	50. 45.	12. 40.	3000	2982. Hoser (Milt.)
Böhmisch-Leipa, ville	B. Lei.	50. 40.	12. 15.	650	640. B. Hallaschka.
Leitmeritz, ville, . . l'Elbe.	Leit.	50. 30.	11. 45.	350	338 Miltenberg. 336. 484. B. David (Brug.) 355. B. Hallaschka.
Teschen, le château;	T.	50. 45.	11. 50.	450	457. B. Hallaschka.
la ville;				320	318. B. David (Brug.)
l'Elbe				300	289. B. Hallaschka.
Le grand Winter-berg	Winter.	50. 50	12. 00.	1700	1729. B. Wiemann (Odeleben.) 1590. B. Berghaus (Hh. 2.) 1783. △ Odeleben.
Le petit Winterberg . . .	...	50. 50.	12. 00.	1550	1411. B. Berghaus (Hh. 2.) 1602. △ Odeleben.

Noms des hts. mesurées.	Abrév.	Latitd.	Longitd.	M. deriv.	M. origin. — Méthode. — Observateurs, &c.
Landeskrone (Belvédère.)	Landk.	51° 05'	12° 35'	1300	1302. Gersdorff (Brug.) 1521. B. Berghaus (Hth. 5.)
Görlitz, ville	Görlz.	51. 10.	12. 40.	620	661. B. Berghaus (Hth. 5.) 586. B. Berghaus (Hth. 5.)
Hohenstein	Hh-stein	51. 10.	12. 30.	1280	1282. B. Berghaus (Hertha 5.)
La source du Sprée	. . .	. . .	. . .	1450	1455. B. & X. Engelhardt
Bauzen, ville	Bz.	51. 10.	12. 08.	650	576. Miltenberg. 669. B. Berghaus (Hth. 5.)
Le Sprée	. . .	. . .	. . .	600	600. X. Engelhardt.
Sprottau, ville	. . .	51. 35.	13. 15.	370	573. B. Berghaus (Hertha 5.)
Rückenberg	Rück.	51. 55.	12. 50.	710	761. & 682. B. Berghaus (Hth. 5.)

Noms des hts. mesurées.	Abrév.	Latitd.	Longitd.	M. deriv.	M. origin. — Méthode. — Observateurs, &c.
Le Börzel	Bor.	51° 35'	12° 15'	800	661. & 882. B. Berghaus (Hth. 5.)
Hoyerswerda, ville / L'Elster noir.	Höy-ersw.	51. 50.	11. 55.	230	288. Bruguière. 280. B. Berghaus (Hertha 2.)
Grossenhain, ville	Grossh.	51. 20.	11. 10.	320	521. B. Berghaus (Hertha 2.)
Paprottberg	Pap.	51. 40.	11. 50.	560	550. 590. B. Berghaus (Hth. 5.)
Guben, ville	. . .	51. 55.	12. 25.	140	174. Miltenberg. 108. B. Berghaus (Hth. 5.)
Goluberg	. . .	52. 00.	10. 55.	700	700. X. Hertha 5.
Hagelsberg	Hagtb.	52. 05.	10. 10.	680	682. B. Berghaus (Hertha 5.)
Le Flaming	. . .	52. 10.	9. 30. à 10. 00.	500	Hertha 5.

VII. SYSTÈME ALPIQUE.

Position géographique { Latitude . de 43° 00' . . . . à 49° 05' { Longitude — 2. 20. . . . à 18. 05.

Position hypsométrique { Point culminant (Montblanc) . . . . . 14800. { Elévation moyenne { des massifs . . . 3-12000. { des bases { N.&E. 1-2000. { S.&O. 500-1000.

Limites naturelles : La Méditerranée, une partie des limites orientales du Système Gaulois, les limites méridionales du Système Germanique, le Danube, la Save, la Kulpa, la dépression de terrain au Sud-Est de Fiume, le golfe Adriatique, le Pô, le Tanaro, (Tan) et le Mont-Ficherino (M. Fich.) entre Monte Calvo et Col de Tende, où la chaîne prend une autre direction ainsi qu'un autre nom.

PARTIE MÉRIDIONALE ET OCCIDENTALE,					
formant les trois groupes suivants :					
1er GROUPE, comprend LES ALPES MARITIMES, entre le Rhône, la Méditerranée, le Tanaro (Tan) et une ligne de Saluzzo (Saluz) au Nord du Col Roburent (R) et du Mont-Ventoux (M. Ven.), jusqu'au Rhône. *Elévation moyenne des massifs* . . . . 3—7000.					
Marseille, ville	Mar.	43. 20.	5. 05.	150	144. Miltenberg. 160. B. Villeneuve
Observatoire	. . .	. . .	. . .	. . .	

Noms des hts. mesurées.	Abrév.	Latitd.	Longitd.	M. deriv.	M. origin. — Méthode. — Observateurs, &c.
Le Mont Mimet	*	43. 20.	5. 10.	2500	2504. B. Piston (A. G. E. 46.) 2524. △ Zach (A. G. E. 46.)
Montagnes de Maures	M.d.M	43. 15.	5. 15. à 4. 15.	2—5000.	
La Grande-Etoile	Ete.	43. 25.	5. 05	1850	1828. △ Zach (A. G. E. 46.)
Allauch, village près de la grande Etoile	*	43. 20.	5 10.	910	912. △ Zach (A. G. E. 46.)
St. Maximin, ville	St.Mes	43. 25.	5. 30.	850	854. B. Piston (A. G. E. 46.)

4*

Noms des hts. mesurées.	Abrév.	Latitd.	Longitd.	M. dériv.	M. origin. — Méthode. — Observateurs, &c.
Montagnes d'Esterel	M. d. Ester.	45° 55'	3° 30' à 4. 30.	2—5000.	
Mt. St. Victoire	Mt. V.	45. 55.	3. 25.	5000	2934. B. Zach (A. G. E. 46.) 2916. De la Caille (Brng.) 3126. A. G. E. 14. 2880. Darluc (Mil.) 3073. B. Villeneuve.
Riez, ville	...	43. 50.	3. 50.	1550	1554. Berghaus, C. phys.
Chaîne du Lébéron, / Sommet le plus haut.	Leb.	43. 50.	3. 00. à 3. 30.	3000	3380. B. Villeneuve. 2400. Berghaus, Carte phys.
Les Alpines	Alp.	43. 50.	3. 30. à 3. 35.	2000	2368. A. G. E. 14.
Sommet de la grande Alpine	...	...	...	1500	1492 B. Villeneuve.
Carpentras, ville	Carp.	44. 05.	2. 45.	500	522. B. Guérin (M. C. 1807.) 500. Berghaus, C. phys.
Sault, ville	...	44. 05.	3. 05.	2560	2588. B. Parrot.
Rocher de Vaucluse. / au-dessus de la source.	*	43. 55.	2. 50.	1050	1032. B. Guérin.
Montagnes de Lure	M. d. L.	44. 10.	3. 00. à 3. 50.	5400	5478. B. Piston (A. G. E. 46.) 5400. Papon (Brng.)
Mont-Ventoux	M. Ven.	44. 10.	3. 00.	6000	6373. Shuckburgh (Mil.) 6094. Darluc (Mil.) 6036. B. Guérin (M. C. 1807.) 6050. B. Delcros (Brng.)
Montagnes du Cheval-blanc	Ch. bl.	44. 10.	4. 10.	5340	5333. B. Villeneuve.
Valplan	Valp.	43. 55.	4. 30.	4—5000. x.	
Nice, ville	N.	43. 40.	5. 00.	50	62. B. Plana (M. C. 23.) 27. Miltenberg.
Monaco, ville	...	43. 45.	5. 05.	1660	1653. Miltenberg.
Mont-Ficherino	M. Fich.	44. 05.	5. 35.	2940	2940. Bruguière.
Col de Tende	C. d. Tend.	44. 10.	5. 10.	5550	5526. Morozzo (M. C. 24.) 5558. Berghaus, C. phys. 5547. Schouw (Mscrit.)
Col Roburent	C. R.	44. 25.	4. 55.	9120	9120. Berghaus, C. phys.
Coni, ville	...	44. 25.	5. 15.	1060	1091. Miltenberg. 1077. Bruguière.
Busca, ville	...	44. 30.	5. 10.	1290	1290. B. Plana (M. C. 23.)
Saluzzo, ville	Salu.	44. 35.	5. 10.	900	1038. Berghaus, C. phys. 764. B. Plana (M. C. 23.)
Le signal de la villa Radicati	...	...	...	...	1511. △ Coraboeuf.

Noms des hts. mesurées.	Abrév.	Latitd.	Longitd.	M. dériv.	M. origin. — Méthode. — Observateurs, &c.
Barcelonette	Barcl.	44° 25'	4° 20'	3500	3450. Miltenberg. 3571 Bruguière 1827.
Mines de houille de St. Ours près de Barcelonette	...	...	...	6650	6648. D'Aubuisson.

2me GROUPE,

entre le Rhône, les limites septentrionales du premier groupe, le Pô, la vallée de Suse et l'Arc-Isère. Ce groupe comprend LES ALPES COTTIENNES.

Elévation moyenne des massifs . . . . . 6—10000.

Noms des hts. mesurées.	Abrév.	Latitd.	Longitd.	M. dériv.	M. origin. — Méthode. — Observateurs, &c.
Pic du Mont-Viso	...	44. 40.	4. 40.	11800	12987. Villars (Héricart de Thury.) 11809. △ Coraboeuf. 11793. M. C. 24.
Source du Po, au pian. del Re	...	44. 40.	4. 45.	6000	6000. M. C. 24. 5856. Berghaus, C. phys.
Col de Genèvre	*	44. 55.	4. 30.	6400	6258. Héricart (Mil.) 8980. Villars (Mil.) 6078. Bruguière.
Mont Dauphin, ville	M. D.	44. 40.	4. 15.	2770	2772. B. Piston (A. G. E. 46.)
Briançon, ville	Bri.	44. 50.	4. 15.	4000	3993. 4026. Miltenberg. 4020. Ann. d. bur. d. longit.
Gap, ville	...	44. 35.	3. 45.	2200	2309. B. Parrot. 2094. B. Piston (A. G. E. 46.) 2184. 2392. Miltenberg. 2214. Zach (Brug.)
Serre, ville	Serr.	44. 25.	3. 25.	1890	1890. Zach (Mil.)
Die, ville	...	44. 50.	3. 00.	610	612. Berghaus. C. phys.
Valence, ville	Val.	44. 55.	2. 55.	310	506. Berghaus, C. phys.
Mouchérol	Mouch.	45. 00.	3. 10.	5400	5400. Berghaus. C. phys.
Obiou, ou Obioux	Ob.	44. 40.	3. 40.	10000	8964. Héricart. 10920. Berghaus, C. phys.
Grand Pelvoux	G. Pelv.	45. 00.	4. 00.	12900	13230. Berghaus, C. phys. 13237. Farmont (Héricart.) 12612. △ v. Welden.
Chalanche / Pic du Chevalier.	...	45. 10.	3. 40.	8150	8200. Schreiber (Mil.) 8160. Héricart. 7992. Berghaus, C. phys.

Noms des hts. mesurées.	Abrév.	Latitd.	Longitd.	M. dériv.	M. origin. — Méthode. — Observateurs, &c.
Grenoble, ville, place St. André.		45° 10′	5° 20′	800	924. Berghaus, C. phys. 948. Miltenberg. 720. Guérin. 750. ℬ. Parrot. 666. Régistre des Voyageurs.
Mont-Cenis		45. 15.	4. 55.	8700	8670. Berghaus, C. phys.
Passage	M. C.			6500	6560. ℬ. Saussure 6440. ℬ. Schouw (Corr. ast. l.) 5982. ℬ. Deluc (Saussure.) 6544. △ Ingen. franç. (Brug.) 6144. ℬ. v. Welden.
Le lac				6000	6070. Schouw (Corr. ast. l.) 5892. v. Bach. (geog. Beob. f.)
La Roche-Michel				10800	10732. ℬ. Saussure. 10879. △ Ing. Sardes.
Glacier d'Ambin	R. d'A.	45. 10	4. 30.	10400	10384. △ Ing. Sardes.
Suse, ville		45. 10.	4. 30.	1590	1588. Bruguière.
Col de Fenêtres	C. d. F.	45. 00.	4. 40.	6800	6822. ℬ. v. Welden.
Turin, ville, l'Observatoire.		45. 05.	5. 20.	750	669. Morozzo. 708. Ann. des longit. 719. Alman. Genev. 1813. 733. Delue (Mem. de Turin 1788.) 738. △ Oriani (Ephm. ast de Milan 1823. Supplm.) 730. ℬ. v. Welden. 751. △ & ℬ. Hertha 10. 786. Beccaria. 857. Corr. astr. l. 882. Shuckburgh (Mem. de Turin 1788.)
Le Pô				620	656. Zach. (Brug.) 618. Berghaus, C. phys.

3me GROUPE,

entre les limites septentrionales du second groupe, le Rhône, le lac de Genève, une ligne à l'Est de Mont-blanc, passant par le grand St. Bernard (G. St B.), la vallée d'Aoste, la Dora et le Pô. *Les Alpes Graïques* sont comprises dans ce groupe-ci.

Elévation moyenne des massifs . . . . 7—10000.

Noms des hts. mesurées.	Abrév.	Latitd.	Longitd.	M. dériv.	M. origin. — Méthode. — Observateurs, &c.
Rochemélon, ou Roche-Melun, ou Rocca-Melone.	Roch.	45. 15.	4. 45.	10000	10782. ℬ. Saussure. 10393. Alman. Genev. 1818. 10685. △. Corabœuf. 10878. 10879. △ Ing. Sardes. &c.; v Welden

Noms des hts. mesurées.	Abrév.	Latitd.	Longitd.	M. dériv.	M. origin. — Méthode. — Observateurs, &c.
Le Perron des Encombres	P. d. E.	45° 20′	4° 05′	8650	8631. △ Ing. Sardes &c. 8608. ℬ. v. Welden.
Iséran (les glaciers d'Iséran.)		45. 30.	4. 45.	12000	12403. M. C. 24. 10800. A. G. E. 1812. 12456. △ Ing. Sardes. 11418 Berghaus, C. phys.
Petit St. Bernard	St. B.			9000	9000. Bruguière.
Passage		45. 40.	4. 30.	6700	6651. Berghaus, C. phys. 6750. ℬ. Saussure.
Col de Bonhomme	*	45. 45.	4. 25.	7500	7530. ℬ. Saussure.
Mont-Blanc		45. 50.	4. 30.	14800	14700. ℬ. △ Saussure. 14820. △ Corabœuf. 11708. △ Roger, Biblioth. Univers. 1828. 14804. ℬ. Saussure, calculée p. Corabœuf. 14856. ℬ. △ Pictet (Saussure.) 14760. △ Carlini & Ostende (v Welden.) 14800. △ Tralles (Roger, Bibl. Univ. 1828.) 14693. △ Shuckburgh. 12892. André de Gy (Milt.)
Col de Géant	*	45. 55.	4. 35.	10600	10578. ℬ. △ Saussure.
Mont-Trelot	Tr.	45. 40.	3. 50.	6700	6891. △ Ing. Sardes.
Mont Grenier	M. Gre.	45. 30.	3. 55.	6000	5965. △ Ingen. Sardes. 5917. △ v. Welden. 6006. ℬ. v. Welden. 5970. △ Corabœuf.
Grande Chartreuse	Chart.	45. 20.	3. 30.	3070	3018. Régist. d. Voyag. 3120. Parrot.
Le grand Som au dessus de la grande Chartreuse	*	45. 25	3. 30.	6400	6463. Héricart (Miltnb.) 6554. Registre des Voyageurs.
St. Genix, ou St. Genix, ville	St. G.	45. 35.	3. 20.	1400	1380. v. Malten, Hertha 11. 1407. ℬ. Shuckburgh.
L'embouchure du Guier dans le Rhône.				600	630. ℬ. Beaumont. 620. Hertha 11. 588 Berghaus, C. phys.
Annecy, ville	A.	45. 55.	3. 45.	1400	1368. Pictet, Bronsseaud & Nicollet. 1360. Berghaus, C. phys.
Lac				1340	1318. Miltenberg 1358. ℬ. Saussure. 1360. v. Malten (Bth. 13.)

Noms des hts. mesurées.	Abrév.	Latitd.	Longitd.	M. dériv.	M. origin. — Méthode. — Observateurs, &c.
Seyssel, ville	Sey.	45° 55′	3° 30′	860	790. v. Malten (Hertha 15.) 946. B. Bronnmann.
Perte du Rhône, au-dessous de Seyssel.	...	46. 05.	3. 40.	860	876. Berghaus. C. phys. 850. v. Malten. (Hertha 15.)
Genève, ville l'Observatoire, jardin botanique.	...	46. 10.	3. 50.	1220	1210. △ Coraboeuf. 1232. B. Hugi. 1207. △ & B. Hertha 10.
Le lac de Genève ou lac Léman.				1150	1146. B. Wörs. 1120. B. v. Buch. géogr. Beobach. 2. 1157. △ Ing. français (Brng.) 1134. B. Pictet (Brug.) 1126. B. Deluc. 1152. B. Shuckburgh. 1123. B. Saussure. 1136. △ Coraboeuf.
Les Voirons	Voi.	46. 15.	4. 00.	4300	4235. B. Saussure. 4660. v. Malten (Hth. 15.)
Sallenche, ville	Sall.	45. 55.	4. 20.	1750	1824. B. Shuckburgh. 1674. B. Saussure.
Le Buet	*	46. 00.	4. 30.	9500	9470. △ Coraboeuf. 9480. B. △ Pictet. Shuckburgh. 9572. B. Deluc.
Dent du Midi	D.d.M.	46. 10.	4. 40.	9500	9905. Saussure. 9223. André de Gy (Milt.)

PARTIE CENTRALE,

divisée en trois groupes, savoir :

1er GROUPE,

comprend *les Alpes Pennines*, entre le Rhône, St. Bernard, la Dora, le Pô, le Tessin, et la vallée d'Oma d'Ossola (D. O.) jusqu'à Mont-Gotthard.

Elévation moyenne des massifs . . . . **10—12000.**

Noms des hts. mesurées.	Abrév.	Latitd.	Longitd.	M. dériv.	M. origin. — Méthode. — Observateurs, &c.
Grand St. Bernard, le Vélan.	G.St.B	45. 55.	4. 55.	10400	10680. Berghaus, Carte phys. 10391. Saussure (Milt.) 10380. Murith (Milt.)
Le lac				7600	7610. v. Malten (Hertha 15.)

Noms des hts. mesurées.	Abrév.	Latitd.	Longitd.	M. dériv.	M. origin. — Méthode. — Observateurs, &c.
l'Hospice, passage	...	...	...	7700	7660. B. Bibl. universelle (Schow. Specim.) 7800. B. Hugi. 8430. Pini (Miltub.) 7396. André de Gy (Milt.) 7512. Saussure (Milt.) 7176. Pictet (Miltub.) 7683. B. v. Welden.
Aoste, ville	...	45° 45′	5° 00′	1840	1866. Du Caila (M. C. 2.) 1818. Miltenberg.
Ivrea, ville	Ivr.	45. 30.	5. 50.	740	757. Miltenberg. 730. B. v. Welden.
Mont-Carnera	M.C.	45. 50.	5. 40.	8400	8452. △ v. Welden.
Tagliaferro	T.	45. 50.	5. 25.	9100	9154. △ v. Welden.
Mont-Cervin, ou Matterhorn.	*	46. 00.	5. 20.	13800	13824. △ B. Saussure. 13800. André de Gy. (Milt.)
Le passage	...	...	...	10200	10760. Escher. 10416. B. Saussure. 9948. B. v. Welden.
Mont Rosa	...	45. 55.	5. 50.	14300	14155. Beccaria (Milt.) 14273. △ Coraboeuf. 14220. △ v. Welden. 14162. Shuckburgh. (Milt.) 14430. 14277. B. Zumstein. 14510. △ Oriani, Ephem. 1822. 14280. △ & B. Saussure
Simplon Monte-Leone.	Sim.	46. 15.	5. 40.	10800	10830. △ Oriani, Ephm. 1823-24.
Passage	...	...	...	6200	6174. B. Saussure. 6240. Müller (Milt.) 6216. André de Gy (Milt.) 6198. Hertha 1. 6180. B. Schouw (Mscrit.)
Domo d'Ossola, ville	D. O.	46. 05.	6. 00.	940	942. B. Saussure.
Gries, ou Grieshorn	Gr.	46. 50.	6. 05.	9500	9460. Müller (Milt.)
Passage	...	...	...	7340	7338. B. Saussure.
Source du Tessin	...	...	...	6400	6380. B. Saussure.
Passage du Grimsel	*	46. 55.	6. 00.	7000	7128. And. de Gy (Milt.) 7384. △ Frey (Brng.) 7118. Müller (Milthg.) 6684. B. Hugi. 6768. B. Wahlenberg. 7170. △ Tralles.
Passage de la Fourca	*	46. 55.	6. 05.	8000	7495. B. Wahlenberg. 8178. △ Tralles. 7794. Hoffmann. 8126. B. v. Welden.

Noms des hts. mesurées.	Abrév.	Latitd.	Longitd.	M. dériv.	M. origin. — Méthode. — Observateurs, &c.
Source du Rhône		46° 33'	6° 05'	5400	5420. N. Ann. d. Voy. 8. (Brug.) 5450. Her-tha 11.
Münster, ville	M.	46. 25.	5. 55.	4400	4440. Miltenberg. 4551. B. Hugi.

2ME GROUPE,

entre le lac de Genève, le Rhône, le haut Rhin, le lac de Boden, l'Aar, et le haut plateau de Berne. *LES ALPES HELVÉTIQUES et LÉPONTIEN-NES* sont renfermées dans cette division de terrain.

Elévation moyenne des massifs ..... 8—10000.

Noms des hts. mesurées.	Abrév.	Latitd.	Longitd.	M. dériv.	M. origin. — Méthode. — Observateurs, &c.
Mont St. Gotthard	M. Goth.	46. 30.	6. 10. à 6. 15.	9500	9498. Berghaus, Carte phys. 9900. Scheuch-zer (Reuss.) 8264. & 8547. △ Onuphrius (Reuss.)
Passage				6500	6650. B. v. Welden. 6700. Weiss (Mltnb.) 6594. André de Gy (Journal d. Mines, an 12 & 15.) 6573. Pini. 6422. B. Wahlenberg. 6590. B. Saussure. 6587. Onuphrius (Milt.) 6459. B. Schön. 6421. B. Hugi. 6426. B, Schouw (Mscrit.)
Source du Rhin in-férieur, ou Bas-Rhin (Vorder-Rhein.)		46. 35.	6. 15.	6170	6174. B. Saussure.
Source de la Reuss		46. 30.	6. 10.	6400	6600. Bruguière. 6590. B. Saussure.
Finster-Aarhorn ou Rothhorn.	F. A.	46. 35.	5. 45.	13200	13254. B.Tralles. 13248. △ Oriani, Éphémér. 1822. 13176. Frey, Hertha 1.
Source de l'Aar		46. 35.	5. 55.	5850	5851. Carte de la Suisse.
Gallenstok	Ga.	46. 40.	6. 05.	11500	11290. Müller (Miltnb.) 11712. △ Tralles. 11528. △ v. Welden.
Jungfrau	J.	46. 50.	5. 40.	13000	12851. Victor Weiss. 12872. △ Tralles. 12859 △ Hertha 2.

Noms des hts. mesurées.	Abrév.	Latitd.	Longitd.	M. dériv.	M. origin. — Méthode. — Observateurs, &c.
Diablerets	Di.	46° 20'	4° 55'	10000	9967. Müller (Milt.) 9682. Wild (Milt.) 9570. △ Tralles. 9990. v. Mal-ten (Htb. 15.)
Molesson	Mol.	46. 35.	4. 40.	6200	6163. B. Wiere. 6281. André de Gy (Mltb.) 6080. v. Malten (Her-tha 15.)
Jorat, le Mont Pellerin.	Jor.	46. 50.	4. 25.	3900	3951. Helv. Alm. 1818.
Le passage (Chalet-gobet).				2800	2850. Bruguière. 2821. Helv. Alm. 1818. 2745. Saussure.
Berne, ville		46. 55.	5. 05.	1700	1670. Hertha 12. 1685, & 1687. B. Hugi.
l'Observatoire				....	1780. Hertha 12. 1794. Hoffmann. 1776. B. & △ Hertha 10. 1770. B, & △ Delcros (Bgh. Ann. 3.)
				1600	1560. Hoffmann.
l'Aar		46. 40.	5. 25.	1800	1782. △ Tralles. 1740. 1900. B. Hugi.
Lac de Thun		46. 40.	5. 55.	1800	1788. △ Tralles. 1800. v. Malten (Htb. 15.)
Lac de Brienz		46. 45.	5. 55.	6800	6834. △ Tralles.
Hohgant, Hochgant, ou Furgg.	Hg.				
Napf	N.	47. 05.	5. 35.	4900	4920. Miltenberg. 4980. B. Ebel.
Mont Pilate, ou le Frackmont.	Pi.	47. 00.	5. 55.	6800	7080. △? Gral. Pfyffer (Milt.) 6562. Müller (Milt.) 6948. Jour. des Mines, an 12-13. 6618. △ Tralles. 6570. B. Wahlenberg.
Lac de Lucerne, ou le Vierwaldstäd-ter.		47. 00.	6. 10.	1350	1344. Hoffmann. 1367. B. Hugi. 1392. △ Tralles. 1320. B.Saussure. 1330. Trembley. (Milt.) 1392. Wyss (Milt.)
Dödi, ou Toedi	Dö.	46. 45.	6. 50.	11400	11110. Müller (Miltnb.) 11040. △ Tralles. 12000. B. Hegetsch-weiler & Joh. 1eer.
Appenzell, ville	Ap.	47. 20.	7. 05.	2100	2124. Bruguière. 2135. Miltenberg.
Haut-Sentis	St.	47. 15.	7. 00.	7700	7700. Müller (Miltenbg.) 7745. Feer. 7671. B. Wahlenberg.

Noms des hts. mesurées.	Abrév.	Latitd.	Longitd.	M. dériv.	M. origin. — Méthode. — Observateurs, &c.
Hörnli	Hö.	47° 25'	6° 35'	3490	3496. B. Wahlenberg. 3480.Peer. 3536.Ebel.
Zürich, ville	Z.	47. 25.	6. 10.	1300	1290. Hoffmann. 1290. B. Rugi.
Lac	...			1250	1242. 1279. Miltenberg. 1320. Hegetschweiler. 1232. B. Wahlenberg. 1245. B. Hugi 1232. B. v. Buch (Leonhard Taschb. 16) 1290. v. Malten (Hth. 13.)
Lac de Wallenstädt	...	47. 10.	6. 50.	1300	1296. Berghaus, C. phys. 1332. Hoffmann.

3ᴹᴱ GROUPE,

constitue les grands massifs, dits: *ALPES RHÉTIQUES*, avec ses pentes septentrionales et méridionales, entre les limites orientales du premier et du second groupes susnommés, le Danube jusqu'à Passau, l'Inn, la Salza, et l'Adige depuis les sources de l'Arn jusqu'au golfe Adriatique.

Élévation moyenne des massifs . . . . . 5—8000.

Noms des hts. mesurées.	Abrév.	Latitd.	Longitd.	M. dériv.	M. origin. — Méthode. — Observateurs, &c.
Vogel, Monte dell' Ucello, ou Aricula.	V.	46. 30.	6. 40.	10200	10230. Müller. (Milt.)
Source du Rhin supérieur, ou Haut-Rhin (Hinter-Rhein.)	...			6200	G.
Passage du Bernardino	*	46. 30.	6. 50.	6600	6551. △ v. Welden.
Splügen	S.	46. 30.	7. 00.	6400	6928. Usteri (Miltcnbg.) 6170. Saussure. (Milt.) 6451. B. Schouw.(Specimen geogr.) 6545. △ v. Welden. 6593. B. △ Corr. scir. 2.
Monte dell' Oro	O.	46. 25.	7. 25.	9900	9890. B. Schouw (Specimen geogr.)
Bernina, Monte delle Disgrazie	Ber.	46. 25.	7. 35.	11300	11316. △ Ing. Autrich (v. Welden.)
Passage	...			7200	7191. B. v. Buch (Leonh. Tasch. 16.)
St. Moritz, village	*	46. 30.	7. 35.	5600	5571. B. v. Buch. (Leonh. Tasch. 16.)
Lac de Sylva-Plana	*	46. 30.	7. 30.	5400	5409. B. v. Buch (Leonh. Tasch. 16.)
Sources de l'Inn	...	46. 30.	7. 25.	5—6000.	G.

Noms des hts. mesurées.	Abrév.	Latitd.	Longitd.	M. dériv.	M. origin. — Méthode. — Observateurs, &c.
Wormser Joch	W. J.	46° 35'	8° 00'	7700	7688. △ 7666. B. Ing. Autrich (v. Welden.)
Stilfser Joch (C'est la grande route la plus élevée de l'Europe.)	*	46. 30.	8. 05.	8600	8610. △ Ingn. Autrich (v. Welden.) 8562. B. Schouw (Maerit.)
Ortler, Ortlerspitz, ou Ortelos	...	46. 30.	8. 10.	12100	14406. 14416. Gebhardi (Miltenb.) 14060. B. Pichler (Corr. astron. 1820.) 13908. △ Schiegg. (Brug.) 13200. B. Gebhardi (Brug.) 12089. △ Ingen. Autrich. (v. Welden.) 12049. △ Fallon.
Monte Gavio, ou Gario.	M. G.	46. 25.	8. 05.	11000	11028. △ Oriani (Ephm. 1823-24.)
Monte Gazza	C.	46. 10.	8. 35.	6900	7400. B. v. Buch (Carte d. Tyrol.) 6406. △
Monte Baldo	M. Bal.	45. 45.	8. 30.	6800	Fallon.
Mte. Maggiore	...			....	6869. B. Sternberg.
Mte. di Nago	...			....	6761. △ Fallon.
Le Finestra	...			....	6618. B. Sternberg.
Lago di Garda	L. d G.	45. 25. à 45. 50.	8. 10. à 8. 25.	250	259. 218. B. Bertoncelli & Pollini.
Monte Brunone	M. B.	46. 05.	7. 35.	9400	9426. △ Oriani.
Monte Legnone	M. L.	56. 05.	7. 10.	8100	8165. B. Schouw (Specimen geogr.) 8132. Oriani, M.C. 24. 8040. △ v. Welden. 8070. △ Oriani.
Corno di Canzo	C.	45. 50.	6. 55.	4250	4263. Oriani, M. C. 24. 4250. △ v. Welden.
Lago di Como	...	45. 45. à 46. 15.	6. 45. à 7. 05.	650	643. B. Schouw (Corr. astr. l.) 655. Oriani, M. C. 24. 650. v. Malten (Hth. 13.)
Chiavenna, ville	Ch.	46. 15.	7. 10.	800	729. B. Schouw (Corr. ast. l.) 984. Topogr. dell. prov. di Sondrio.
Monte Generoso, ou Calvaggione.	M. G.	45. 55.	6. 40.	5300	3278. B. Schouw (Corr. astr. l.) 5556. △ v. Welden. 5521. Oriani, M. C. 24.
Lago di Lugano	*	46. 00.	6. 35.	890	881. Oriani, M. C.724. 890. v. Malten (Hertha 13.)

Noms des lieux mesurés.	Abrév.	Latitd.	Longitd.	M. dériv.	M. origin. — Méthode. — Observateurs, &c.
Mont-Bouscer, ... la plus haute cime du Mont de Varèse.	M. B.	45° 50′	6° 50′	5850	5855. Oriani. M. C. 21. 5810. △ Oriani.
Milan, ville	. . .	45. 50.	6. 50.	400	
Jardin botanique	. . .			. . . .	591. △ Oriani.
Observatoire	. . .			. . . .	466. △ Oriani.
Belvédère du Dôme	. . .			. . . .	660. △ Oriani.
Pavie, ville	Pa.	45. 10.	6. 50.	400	400. Z. Schouw (Mscrit.)
Lago-Maggiore	L. M.	45. 45. à 46. 10	6. 10. à 6. 25.	650	656. B. Saussure. 657. B. Schouw (Corr. ust. 1.) 646. Oriani, M. C. 21. 760. v. Malten (Hth. 13.)
Zeda-Monte	Z. M.	46. 05.	6. 10.	6700	6681. △ Oriani.
Bellinzona, ville . . .	B.	46. 05.	6. 55.	700	696. B. Saussure. 821. B. Hugi.
Ilanz, ville	Il.	46. 45.	6. 50.	2200	2178. Ebel.
Strela, ... Fürkli-Scheideck.	St.	46. 50.	7. 30.	7250	7251. Escher & v. Buch (Milt.)
Chur, ville	Ch.	46. 50.	7. 15.	1820	1809. Miltenberg. 1857. B. v. Buch (Leonhard Tasch. 16.)
Mont-Falknis	Falk.	47. 05.	7. 10.	7700	7828. Müller (Miltenbg.) 7605 B. Roesch (Ebel.)
Hochvogel	H. Vog.	47. 25.	8. 05.	8000	7947. △ Fallon. 9600. Lupis, Peterich (Milt.)
Lac de Boden, ... ou de Constance.	L. d B.	47. 30. à 47. 30.	6. 55. à 7. 25.	1200	1220. v. Malten (Hertha 13.) 1002. △ Tralles. 1117. Mém. du Dép. de la guerre 8. 1175. J. F. Weiss. 1201. Gasser.
Auf der Raith.	a. d. Raith.	47. 50.	6. 10. à 6. 50.	2500	2527. Oeynhausen (Hertha 1,)
Schafhausen, ville, . . pont du Rhin;	Schaf.	47. 40.	6. 15.	1150	1150. v. Malten (Hertha 13.) 1203. Miltenberg. 1163. B. Oeynhausen. 1258. Wild.
au - dessous de la cascade				1050	1013. B. Böckmann. 1073. B. Hoffmann. 1068. B. Oeynhausen. (Hth. 1.)
Sigmaringen, ville . . .	Sigm.	48. 05.	6. 55.	1800	1795. B. Böckmann.
Le Danube	. . .			1700	1692. B. Böckmann,
Biberach, ville	Bibr.	48. 10.	7. 30.	1650	1652. Essig. Hertha 1.

Noms des lieux mesurés.	Abrév.	Latitd.	Longitd.	M. dériv.	M. origin. — Méthode. — Observateurs, &c.
Kempten, ville	Kemp.	47° 45′	8° 00′	2120	2118. Mém. d. Dp. d. l. guerre 8.
Memmingen, ville . . .	Memm.	48. 00.	7. 55.	1880	1884. Miltenberg.
Augsbourg, ville . . . l'église de St. Ulrich.	. . .	48. 20.	8. 55.	1470	1500. Mém. d. Dp. d. l. guerre 8. 1464. Miltenberg. 1418. B. Berghaus (Brgh. Ann. 3.) 1496. △ Bonn. & Broussesud (Bgh. Ann. 3.) 1477. △ Weiss. (Bgh. Ann. 3.)
Ratisbonne, ville . . .	. . .	49. 00.	9. 45.	1100	1156. B. Zach (Brng.) 1116. Miltenb. 1082. B. Berghaus (Bergb. Ann. 3.)
Le Danube	. . .			1000	972. Chappe. 997. Mém. d. Dp. d. l. guerre 8. 1042. △ Weiss (Bgh. Ann. 3.)
Passau, ville . . . . . le Danube.	. . .	48. 35.	11. 03.	800	789. Chappe. 810. Mém. d. Dp. d. l. guerre 8.
Munich, ville	MUNC	48. 10.	9. 15.	1600	1591. △ Fallon. 1584. B. Seyffer. (Bruguière.) 1628. B. Schön. 1855. & 1481. B. v. Buch (Reuss.) 1416. B. Hazzi. 1505. Mém. d. Dép. d. l. guerre 8.)
Tegernsee, ville . . .	. . .	47. 40.	9. 50.	2500	2262. 2254. B. Schön. 2512. B. v. Buch (geogn. Beob. 1.)
Peissenberg	PB.	47. 45.	8. 40.	5000	5020. 2848. B. Hazzi. 5087. B. Schön. 5066. Humboldt (Mém. d'Arcueil 3.)
Füssen, ville	Füss.	47. 35.	8. 20.	2500	2520. Mém. d. Dep. d. l. guerre 8. 2455. Miltenberg.
Sollstein, ... Gross-Sollstein. Petit-Sollstein	Solst.	47. 20.	9. 00.	9000 / 7800	9106. △ Fallon (Milt.) 7801. △ Fallon.
Finstermünz, ville . .	Finz.	46. 55.	8. 10.	2800	2808. Miltenberg.
Guarda, ville	Gar.	46. 45.	7. 50.	4900	4924. Miltenberg.
Rescken Scheideck . .	Res.	46. 50.	8. 15.	4400	4559. v. Buch (Leonhard Tasch. 16.) 4512. v. Buch (Gilberts Annal 41.)
Oezthaler Ferner . .	O. Fer.	46. 45.	8. 55.	10000	10000 Z.

Noms des lts. mesurées.	Abrév.	Latitd.	Longitd.	M. dériv.	M. origin. — Méthode. — Observateurs, &c.
Sterzing, ville	St.	46° 50′	9° 05′	3000	2920. B. Fallon, M. C. 25. 3030. B. v. Buch (Carte d. Tyrol.)
Brenner, le sommet . . .	Bren.	47. 00.	9. 10.	6300	6056. Hassel. 6360. B. v. Buch (geogn. Beobacht. 1.)
Passage.				4300	4564. B. v. Buch (geogn. Beob. 1.) 4114. B. Fallon (M.C. 25.) 4484. B. v. Buch (Carte d. Tyrol.)
Innsbruch, ville	Innsbr.	47. 15.	9. 00.	1750	1774. B. v. Buch(geogn. Beob. 1.) 1767. △ Fallon. 1325. Vega (v. Buch. geogn. Beob. 1.) 1625. Walcher (geogn. Beobacht.) 1759. Ann. du B. d. Longit. 1849. Mém. d. Dép. d. l. guerre 8.
Wazmann	Wazn.	47. 30.	10. 30.	9000	0058. Reck (Milt.) 9527. Mém. d. Dépôt. de la guerre 8. 9089. A. G.E. 48. 8265. Riedl.
Hohe Göll	H. Göll	47. 35.	10. 40.	8000	7815. v. Moll (Miltenb.) 9056. Mém. d. Dép. d. l. guerre 8. 7800. A. G. E. 48.
Salzbourg, ville	Salz.	47. 50.	10. 40.	1400	1502. B. Humboldt (v. Buch, geogn. Beob 1.) 1416. Mém. d. Dép. d. l.guerre 8. 1391. Ann. d. bur. des longitudes. 1214. Schiegg. (A. G. E. 48.) 1394. Wagner (A. G. E. 48.)

PARTIE ORIENTALE,

en trois groupes, suivants:

1er GROUPE,

entre l'Adige, le golfe Adriatique, le Tagliamento, une ligne d'un point à l'ouest de Mont-Terglou jusqu'à Villach, et la haute Drave. LES ALPES CARNIQUES constituent les massifs de cette division de terrain.

Elévation moyenne des massifs . . . . . 5—6000.

Noms des lts. mesurées.	Abrév.	Latitd.	Longitd.	M. dériv.	M. origin. — Méthode. — Observateurs, &c.
Toblach, ville . . . . . Tohlacher Feld, où l'Adige prend naissance.	Tob.	46. 45.	9. 50.	3900	3916. B. Fallon (M. C. 25.)
Source de la Drave. . .	. . .	46° 45′	10° 00′	3680	3680. B. Fallon (M. C. 25.)
Mont Schlern	Schl.	46. 30.	9. 15.	7700	7848. B. v Buch (Carte d. Tyrol.) 7876 △ Fallon
Botzen, ville	B.	46. 30.	9. 00.	1070	1071. 1060. B. v. Buch (geogn. Beob. 1.) 1094. B. v. Buch (Carte d. Tyrol.)
Vigo, village	V.	46. 20.	9. 15.	4200	4194. B. v. Buch (Carte d. Tyrol.)
Marmelata, ... ou Vedretta Marmolatta.	Mar.	46. 25.	9. 55.	10000	1080 0 △ Fallon (Milt.) 9198. B. v.Buch (Carte d. Tyrol.)
Cima d'Asta	C. d.A.	46. 10.	9. 10.	8600	8628. B. v. Buch (Carte d. Tyrol.)
Borgo, ville	B.	46. 05.	9. 05.	1050	1050. B. v. Buch (Carte d. Tyrol.)
Trente, ville, ... la tour de Ste. Marie-Majeure	Tr	46. 05.	8. 45.	640	646. 658. B. v. Buch (geogn. Beob. 1.) 714. A. G. E. 4. 755. △ Fallon. 716. B. v. Buch (Carte d. Tyrol.)
Cima di Portola . . .	C d.P.	45. 55.	9. 05.	6700	6938. B. v. Buch (Carte d. Tyrol.) 6341. Herrisch.
Asiago, ville	A.	45. 50.	9. 10.	5050	5048. B. Fallon, M. C. 25. 5052. Sternberg. 3433. Miltenberg.
Schio, ville	Sch.	45. 40.	9. 05.	600	661. B. Fallon, M. C. 25. 607. Bertoncelli & Pollini.
Pieve de Schio	. . .				527. Morachini.
Verone, ville		45. 25.	8. 40.	180	217. B. Bevilaque Lazise. 157. △ Fallon.
Vicence, ville	V.	45. 30.	9. 15.	150	150. % Schouw (Mierit.)
Monts-Euganéens Monte-Venda.	M. v.	45. 20.	9. 20.	1800	1451. Strange (Bevilaque Lazise.) 1742. Sternberg. 1050. B. Schouw (Mierit.)
Padoue, ville	P.	45. 25.	9. 50.	80	55. B. Schön.
Observatoire	. . .				86. Alm. genov. 1848. 94. Santini (Mierit.)
Bassano, ville	Bas.	45. 45.	9. 25.	460	439. B. Fallon (M. C. 25.)

Noms des lix. mesurées	Abrév.	Latitd.	Longitd.	M. dériv	M. origin. — Méthode. — Observateurs, &c.
Feltre, ville	F.	46° 00'	9° 55'	900	972. B. Fallou (M. C. 25.) 804. B. Schoaw (Mscrit.)
Bellune, ville	Bell.	46. 10.	9. 55.	1240	1282. B. Fallou (M. C. 25.) 1105. B. Schoaw (Mscrit.)
Monte St. Mauro	M. Mau.	46. 25.	10. 15.	4700	4728. B. Fallou (M. C. 25.)
Source du Taglia-mento				4150	4153. B. Fallou (M. C. 25.)
Sapeda, ou Sapada, ville.	Sap.	46. 55.	10. 20.	3750	3749. B. Fallou (M. C. 25.)
Source de la Piave				4000	3983. B. Fallou (M. C. 25.)
Monte-Croce, (Kreuz-Berg).		46. 55.	10. 40.	5100	5105. B. Fallou (M. C. 25.)
Villach, ville	Vill.	46. 55.	11. 50.	1700	1815. B. Fallou (M. C. 25.) 1442. Miltenberg.
Villacher Alpe, ou le Dobratsch.	*	46. 55.	11. 20.	7500	8000. Ploier (Miltenbg.) 7378. B. & /\ Fallou (M. C. 25.) 6690. B. Achatzek v. Buch (Leonh. Tasch 18.)

2me GROUPE,

principalement formé par les *ALPES NORIQUES* et les *MONTAGNES DE BAKONY*, est renfermé entre la Drave, le Danube, l'Inn, et la Salza.

Elévation moyenne des massifs . . . . . 3—6000.

Noms des lix. mesurées	Abrév.	Latitd.	Longitd.	M. dériv	M. origin. — Méthode. — Observateurs, &c.
Gross-Glockner	Glockner	47. 05.	10. 25.	12500	12378. v. Moll. (Jahrb. 1800.) 11988. Schiegg (v. Welden.)
Rathhausberg	Rath.	47. 05.	10. 55.	8500	8184. Rock (Milt.) 8467. Schiegg (Milt.) 9144. Mémorial d. Dép. d. l. guerre 8. 8806. A. G. E. 48.
St. Jean, ou St. Johan, ville.	St. J.	47. 20.	10. 55.	1860	1884. Mém. d. Dép. d. l. guerre 8. 1839. Miltenberg.
Tennenberg, ou Hohe Tennergebirge.	Ten.	47. 50.	11. 00.	6700	6614. Schiegg (Miltbg.) 6816. Mém. d. Dép. d. l. guerre 8.

Noms des lux. mesurées	Abrév.	Latitd.	Longitd.	M. dériv	M. origin. — Méthode. — Observateurs, &c.
Schneeberg	Schn.	47° 50'	11° 25'		
Dachstein				9000	8937. Schultes (Miltbg.) 9056. Hassel.
Hohe Kreuz				8400	8411. Schultes (Milt.)
Le Priel		47. 45.	11. 40.	6570	6363. B. Rainer (M. C. 11.)
Ischel, ville	Isch.	47. 45.	11. 20.	1450	1433. B. Humboldt (v. Buch, geog. Beob. 1.)
Le Traunstein	Trein.	47. 50.	11. 50.	5000	5052. Klinger (Miltbg.) 4050. Deluca (Miltbg.) 5565. Hassel.
Geisberg, ou Gaisberg	Gsb.	47. 50.	10. 30.	4000	4012. v. Buch (Miltbg.) 3890. Humboldt (Milt.) 4104. Mém. d. Dép. d. l. guerre 8. 3930. A. G. E. 48.
Linz, ville — Le Danube		48. 15.	11. 55.	670	689. Miltenberg. 696. B. v. Gerstner (Hertha 9.)
Altenmarkt, ville		47. 45.	12. 15.	1350	1351. B. Rainer (M. C. 11.)
Le Hochgailing	M	47. 20.	11. 20.	9800	9708. v. Moll (Milt.)
Tamsweg, ville	Tam.	47. 10.	11. 50.	5020	5022. A. G. E. 48.
Stang-Alp	St. Alp	46. 55.	11. 25.	7100	7140. B. Rainer (Milt.)
Eisenhut	Eis.	46. 55.	11. 40.	7450	7470. Miltenberg. 7452. Rainer (Berg.)
Klagenfurth, ville	Kla. genf.	46. 55.	11. 00.	1350	(373. B. Fallou (M. C. 25.) 1355. B. Karsten. 1305. Miltenberg. 1311. Schiegg (Reuss.) 1326. B. Achatzek v. Buch (Leonh. Tasch 10.)
Judenbourg, ville	Judb.	47. 10.	12. 40.	2270	2268. Miltenberg.
Leoben, ville	Leob.	47. 25.	12. 50.	1570	1568. Miltenberg.
Schöckl, ou Schöckelberg.		47. 10.	13. 05.	4700	4778. Lieganig (Miltb.) 4644. M. C. 11.
Oetscher		47. 50.	12. 45.	6000	5990. B. Rainer (M. C. 11.) 5988. B. Triesnecker, A. G. E. 47. 6062. Hassel.
Lilienfeldt, ville	Lilien.	48. 00.	13. 10.	1070	1068. B. Triesnecker (A. G. E. 47.)
Kahlengebirge		47. 50. — à 48. 15.	33. 25. — à 33. 50.	1—2000.	

Noms des hts. mesurées.	Abrév.	Latitd.	Longitd.	M. dériv.	M. origin. — Méthode. — Observateurs, &c.
Vienne	...	48° 15′	14° 00′	450	
Sol de la ville					446. B. Beudant. 453. B. Hertha 9.
L'Observatoire					520. B. Beudant. 496. B. Fallon, (M. C. 25.)
Le Danube				400	409. B. Beudant. 551. B. v. Gerstner (Hth. 9.) 432. Steiner, (Bull. geogr. p. Férussac.)
Schneeberg (Wiener Schneeberg.)	Sneeb.	47. 45.	13. 50.	6400	3646. B. Bürg (Beudant.) 6197. B. Fallon (M. C. 25.) 6300. B. Fallon, M. C. 12. 6516. Hasse.
Schottwien, ville	...	47. 40.	13. 30.	1790	1788. B. Fallon (M. C. 25.)
Mürzzuschlag, ville	...	47. 35.	13. 20.	2100	2090. B. Fallon (M. C. 25.)
Semmering, passage entre les deux susdites villes.	*	47. 35.	13. 25.	3000	2940. B. Démian (Beudant.) 3122. B. Fallon (M. C. 25.) 2944. Karsten (Milt.)
Raab, ville. plaines environnantes.	...	47. 40.	15. 15.	370	369. B. Beudant.
Gran, sol de la ville	...	47. 50.	16. 20.	420	419. B. Beudant.
Buda, sol de la ville	...	47. 50.	16. 40.	500	477. B. Beudant.
l'Observatoire au sommet de Bloksberg.					757. B. Beudant.
Le Danube				300	339. B. Beudant.
Palota, ville	...	47. 10.	15. 50.	500	492. B. Beudant.
Lac de Balaton et les plaines environnantes.	...	46. 45.	15. 25.	450	430. B. Beudant.
Montagnes de Bakony	...	47. 10.	15. 10.	2000	1964. B. Beudant.
Tapulcza, ville, et la plaine environnante.	...	46. 50.	15. 05.	500	430. B. Beudant.

3me GROUPE.

comprend les *Alpes Juliennes* et le *Mont Papus* (ou Papouk), entre les limites orientales du premier groupe, le golfe Adriatique, la dépression mentionnée de la chaîne à l'Est de Fiume, la Kulpa, la Save et la Drave.

Noms des hts. mesurées.	Abrév.	Latitd.	Longitd.	M. dériv.	M. origin. — Méthode. — Observateurs, &c.
Elévation moyenne des massifs . . . 3—6000.					
Mont-Terglou	...	46° 25′	11° 30′	9400	10194. Hassel (Milt.) 9378. Slackburgh (Miltenb.) 9294. Hacquet (Milt.)
Source de la Save	...	46. 50.	11. 20.	2500	2484. B. Fallon (M. C. 25.)
Col de Loibel	Loibl.	26. 25.	11. 55.	4150	4211. B. Fallon (M. C. 25.) 4050. B. Karsten (Milt.)
Steiner Alp	...	46. 15.	12. 20.	10500	10274. Valsorct (Milt.)
Mt. Papus	...	45. 50.	18. 20.	2500	2540. Demian (Beudant.)
Laybach, ville	Layb.	46. 00.	12. 15.	1270	1269. Miltenberg.
Idria, ville	...	46. 00.	11. 40.	1450	1448. Miltenberg.
Karsebgebirge	M. Karch.	45. 50.	11. 15.	1500	1386. B. Karsten (Milt.)
Karstberg, ou le Karst, (le plus haut point de la route.)					
Lac de Zirknitz	Lac d. Zrk.	45. 45.	12. 00.	1760	1764. B. Schouw (Meer.)
Schneeberg, ou le Sneuil.	Sneeb.	45. 35.	12. 10	7000	7000. Hacquet (Milt.)
Padolie, ville	Pad.	45. 25.	12. 20.	2850	2832. △ Lichtenstern. (Hth. 2.)
Fiume, ville	...	45. 20.	12. 05.	0	22. △ Lichtenstern, (Hth. 2.) 2. △ Fallon.
Monte-Maggiur	M. Mag.	45. 15.	11. 50.	4300	4292. △ Fallon.
Triest, ville, tour de la Citadelle.	...	45. 55.	11. 25.	270	266. △ Fallon.
Udine, ville	...	46. 05.	10. 55.	370	368. B. Fallon (M. C. 25.) 426. Miltenberg.

VIII. LES CARPATHES, ou KRAPAKS.

POSITION GÉOGRAPHIQUE { Latitude . . . . de 43° 40′ . . à . . 50° 40′
Longitude . . . — 14. 55. . . à . . 25. 40.

POSITION HYPSOMÉTRIQUE { Point culmin. { (Pic de Lomnitz) . . . . 8000.
(ou peut-être: Le Mont Budos, ou le Mont Szurul) . . . . 9000.

Elévation moyenne { des massifs . . . 2-7000.
des bases { N. & N.O. . 1000.
N.E., S.O.
& S. . 2-300.

LIMITES NATURELLES: La March, (Morava) les sources de l'Oder, la Vistule, la San, le haut Dniester, la Sereth et le Danube.

PARTIE OCCIDENTALE & SEPTENTRIONALE,

entre les limites citées de la March (Morava) jusqu'au haut Dniester, les sources de Pruth, la Theiss et le Danube. *LE GROUPE DE TATRA* est le massif principal de cet espace de terrain et forme les Carpathes proprement dites.

Noms des hts. mesurées.	Abrév.	Latitd.	Longitd.	M. dériv	M. origin. — Méthode. — Observateurs, &c.
Presbourg, ville . . . . le Danube.		48° 10′	14° 30′	550	512. Miltenberg. 590. S.
Freystadt, ville	Freyst.	48. 25.	15. 30.	450	463. B. Wahlenberg
La Waag					428. B. Wahlenberg.
St. Benedek, Couvent	St.Ben.	48. 20.	16. 15.	750	784. B. Beudant.
La Gran					631. B. Beudant.
Pest, ville . . . . le Danube.		47. 50.	16. 43.	300	339. B. Beudant.
Solnok, la Theiss		47. 10.	17. 55.	250	240. B. Beudant.
La Plaine où coulent le Danube & la Theiss.				2—3000.	B. Beudant.
Montagnes de Matra. Mt. Kekes.	Matra.	47. 50.	17. 45.	3100	3109. B. Beudant.
Erlau, ville		47. 55.	18. 00.	550	534. B. Beudant.
Tokai, la Theiss		48. 05.	19. 05.	560	563. B. Beudant.
Mtgs. au-dessus de la ville.				760	757. B. Beudant.
Mtgs. de Dargo		48. 55.	19. 10.	1850	1817. B. Beudant.
Les plaines de Nagy-Michaly.		48. 40.	19. 40.	600	600. B. Beudant.
Mtgs. de Vihorlet: Rocher de Szinna		48. 55.	19. 55.	3300	3309. B. Beudant
Kugelsberg.		48. 50	18. 05.	3000	2980. B. Beudant

Noms des hts. mesurées	Abrév.	Latitd.	Longitd.	M. dériv.	M. origin. — Méthode. — Observateurs, &c.
Kesmark, ville		49° 05′	18° ′	1900	1848. B. Wahlenberg. 2000. B. Beudant.
les plaines environnantes.		49. 05.	16. 55.		
MONTAGNES DE TATRA		à 49. 15.	à 18. 10.		
Elévation moyenne . . .				4—5000.	
Pic de Lomnitz, ou Lomnitzerspitz .	Lom.	49. 10.	17. 55.	8000	9480. Csaplovic (Sydow.) 8200. Szepehazy (Sydow.) 8316. Liesganig (Sydow.) 8100. Townson (Syd.) 7471. B. & ⟨Beudant. 7941. B. Wahlenberg. 8135. B. Wahlenberg (Syd.)
Eisthalerspitz . . .				8000	8000. B. Wahlenberg.
Hundsdorffer-spitz				7800	7800. B. Wahlenberg.
Pic de Krivan . . .	Kr.	49. 10.	17. 45.	7500	7556. B. Wahlenberg.
Pic de Choez	Ch.	49. 10.	17. 00.	5000	4910. B. Wahlenberg.
Groupe de Fatra . . .	Fa.	49. 05.	16. 45.	3—4000.	
Le sommet du Krivan	K.	49. 15.	16. 45.	5300	5293. B. Wahlenberg.
Mont Klak		48. 50.	16. 50.	4200	4168. B. Wahlenberg.
Passage de Jablunka	Jabl.	49. 35.	16. 50.	2—3000. X.	
Babia-Gura, ou Baba-gura.	Baba.	49. 40.	17. 15.	5000	4800. B. Wahlenberg. 5400. Haequet (Reuss.)
Mtgs. de Prassiva: Le Diumbier	D.	48. 55.	17. 15.	6200	6160. B. Wahlenberg.
Le Kralova-Hola . .	K.	48. 55.	17. 35.	5100	5126. B. Wahlenberg.
Mtgs. de Hradova .	M. D. Hra.	48. 40.	17. 50.	2500	2524. B. Beudant.
Mtgs. de Schemnitz, le Calvaire	M. d. Schem-n	48. 25.	16. 40.	2300	2260. B. Beudant.

PARTIE ORIENTALE,

comprend LES CARPATHES DE LA TRANSYLVANIE et les montagnes de Bukovine, entourées du Danube, de la Theiss et de la Sereth.

Noms des lieux mesurées.	Abrév.	Latitd.	Longitd.	M. dériv.	M. origin. — Méthode. — Observateurs, &c.
Elévation moyenne des massifs ..... 4—7000.					
Montagnes de Bukovine, en général ...		....	....	4—5000.	
Le Mont Kukurazza ...		47° 15'	22° 45'	4700	4680. Malte-Brun 6.
Montagnes de Margitta et de Budos.		46. 10. à 46. 30.	23. 10. à 23. 30.	9000	9000. S. Boudant.

Noms des lieux mesurées.	Abrév.	Latitd.	Longitd.	M. dériv.	M. origin. — Méthode. — Observateurs, &c.
Reps, ville ...		46° 00'	22° 35'	1500	1458. Inconnu.
Mediasch, ville ...	Med.	46. 05.	22. 00.	700	666. Malte-Brun 6.
Kronstadt, ville ...		45. 35.	25. 15.	1900	1896. Malte-Brun 6.
Hermanstadt, ville ...		45. 45.	21. 50.	1500	1257. Inconnu.
Montagnes de Fagaras:					
Szurul ...		45. 35.	22. 15.	8000	8600. 7122. Malte-Brun 6. 9600. Ann. d. long. d. longitud. 6408. P. Weiss.
Orsova, ville, le Danube.		44. 40.	20. 10.	150—200. G.	

IX. SYSTÈME HELLÉNIQUE.

POSITION GÉOGRAPHIQUE { Latitude . de 36° 15' ... à 45° 30' / Longitude — 12. 00. ..... 27. 20.

POSITION HYPSOMÉTRIQUE { Point culminant (Mont-Scardus) .... 9600. / Elévation moyenne { des massifs ... 3-7000. / des bases .... 0-3000.

LIMITES NATURELLES: La dépression de terrain à l'Est de Fiume, la Kulpa, la Save, le Danube, la mer Noire, la mer de Marmora, la mer Egée la Méditerranée et le golfe Adriatique.

PARTIE ORIENTALE,

entre la mer Noire, la mer de Marmora, la mer Egée, le Vardar, la Ferina, les deux Drin, (le noir et le blanc) la Morava et le Danube. Le BALKAN, ou le MONT-HÆMUS, est le massif principal de cette division de terrain.

Noms des lieux mesurées.	Abrév.	Latitd.	Longitd.	M. dériv.	M. origin. — Méthode. — Observateurs, &c.
Le BALKAN		42. 00. à 45. 30.	19. 30. 25. 30.		
en général ...				6—7000.	
Mt. Orbelus, ou Orbelos, le point culminant du Balkan.		42. 10.	20. 10.	8500	9000. Pouqueville (Mil.) 7800. X. F. Beaujour.
Mt. Scardus ...		20. 10.	18. 50.	9600	9600. X. F. Beaujour.
Mt. Scomius ...		42. 00.	20. 55.	8400	8400. X. F. Beaujour.
Despoto-Dagh, ou Mt. Rhodope, en général.		41. 20. à 42. 10.	21. 10. à 22. 30.	7200	7200. X. F. Beaujour.

Noms des lieux mesurées.	Abrév.	Latitd.	Longitd.	M. dériv.	M. origin. — Méthode. — Observateurs, &c.
Mt. Ménikion, (Cercina.)	M. Meni.	41. 10.	21. 20.	6000	6000. X. F. Beaujour.
Radovich, ville, les montagnes aux environs de la ville.	...	41. 25.	20. 20.	5—6000. X. F. Beaujour.	
Pounhar-Daghi, ...	P. D.	40. 55.	21. 50.	5000	
le grand sommet, ...					8400. Bruguière,
le petit sommet, ...					4200. Bruguière.
Mt. Tasse, ... sommet de l'île de Tasse.	...	40. 45.	22. 15.	5000	5000. X. F. Beaujour.
Mt. Athos, ou Monte Santo.	...	40. 10.	21. 55.	6000	5408. Le Chevalier (Mil.) 6360. S. Gauttier (Bruguière); Ann. des longit.
Cap Paillouri ...	...	40. 00.	21. 00.	2400	2400. X. F. Beaujour.
Salonique, ville, montagne pyramidale au-dessus de la ville.	...	40. 40.	20. 55.	3600	3600. X. F. Beaujour.

Noms des hts. mesurées.	Abrév.	Latitd.	Longitd.	M. dériv	M. origin. — Méthode. — (Observateurs, &c.)
Constantinople, porte d'Andrinople.	...	41° 00'	26° 55'	190	192. ℬ. Vincent (Brug.)
Sommité de la montagne au N. O. de Bujukdéré.	...	...	...	740	741. ℬ. Vincent (Brug.)

PARTIE MÉRIDIONALE,

entre la mer Egée, la Méditerranée, le Drin, la Ferina et le Vardar, comprend, outre *LA CHAÎNE DU PINDE*, plusieurs groupes isolés d'une élévation et d'une étendue bien considérable.

Noms des hts. mesurées.	Abrév.	Latitd.	Longitd.	M. dériv	M. origin. — Méthode. — (Observateurs, &c.)
Monts Candaviens, en général.	M.Can.	41. 00.	18. 15.	6600	6600. ♃. F. Beaujour.
Mont Tomorcs	M.Tom	40. 30.	18. 00.	6000	6000. ♃. F. Beaujour.
Monts Acrocérauniens, le sommet nommé Tchika.	M.Acr.	40. 10.	17. 20.	5000	4800. ♃. F. Beaujour.
Chaîne du Pinde, en général.	...	39. 00. à 41. 00.	18. 50. à 19. 30.	7—8000.	♃. F. Beaujour.
Passage du Pinde, entre Mezzovo et la plaine de Thessalie.	...	39. 50.	19. 20.	4—5000. ♃.	
Mezzovo, ville	Mez.	39. 50.	19. 05.	5000	♃.
Janina, ville	Jan.	39. 50.	18. 45.	10—1200. ♃.	
Monts Chamousi	M. Cham.	39. 50.	18. 00.	7200	7200. Bru...re.
Ile de Corfou	...	39. 50.	17. 30.		
Mts. de Pontocrator	...	...	...	1800	1800. ♃. F. Beaujour.
Mt. St. Stephano	...	...	...	1500	1500. Bruguière.
Les monts Volutza	M. Vol.	40. 05.	19. 55.	6600	6600. Bruguière.
Mont Olympe, ou le Lacha.	...	40. 05.	20. 05.	6000	6120. Bernoulli (Milb., Hertha 12.) 6000. ♃. F. Beaujour. 5760, Zenagoras (Hth. 12.)
Mont Ossa	...	39. 50.	20. 55.	5400	5400. ♃. F. Beaujour.
Mont Pélion	Pel.	39. 25.	20. 50.	4800	4800. ♃. F. Beaujour.
Mont Oeta	...	39. 00.	20. 05.	4800	4800. ♃. F. Beaujour.
Le Parnasse	P.	38. 50.	20. 10.	5400	5400. ♃. F. Beaujour.
Le Hélicon	H	38. 20.	20. 30.	4200	4200. ♃. F. Beaujour.
Mont Klipa	Kt.	38. 25.	21. 00.	2400	2400. ♃. F. Beaujour.
Mont Cithéron	C.	38. 05.	21. 25.	3900	3900. ♃. F. Beaujour.
Mont Hymète	Hy.	37. 50.	21. 25.	2700	2700. Bruguière.
Mont Géranien	G.	38. 00.	21. 00.	3300	3300. ♃. F. Beaujour.
L'Acro-Corinthe	A. C.	37. 50.	20. 55.	1200	1200. ♃. F. Beaujour.

Noms des hts. mesurées.	Abrév.	Latitd.	Longitd.	M. dériv	M. origin. — Méthode. — (Observateurs, &c.)
Mont Zyria (Cyllène)	M. Zyr.	37° 55'	20° 05'	7000	8400. ♃. Félix Beaujour. 7265. △ Ingen. franç. (Kr. Weg. 1.)
Patras, ville. Plaine de Patras.	Patr.	38. 10.	19. 50.	1500	1800. ♃. Ingen. français (Kr. Weg. 1.)
Mont Malevo (Artemisius.)	M. M.	37. 40.	20. 10.	5500	5464. △ Ingen. français (Kr. Weg. 1.)
Mont Malevo de Laconie.	...	37. 15.	20. 20.	6000	5972. △ Ingen. français (Kr. Weg. 1.)
Tripolitza, ville	Tripl.	37. 50.	20. 05.	2100	2093. △ Ingen. français (Kr. Weg. 1.)
Mont Taygète	...	37. 00.	20. 00.	7000	4800. ♃. Félix Beaujour. 7440. △ Ingen. franç. (Kr. Weg. 1.)
Ile de Céphalonie, sommet: Mtge. Noire.	...	38. 15.	18. 20.	5000	5054. Nouv. Annales d. Voyag. 19.
Ile de Zanthe, sommet	Zth.	37. 50.	18. 30.	1200	1200. ♃. F. Beaujour.
Ile de Négropont:					
Mt. Delphi	...	38. 50.	21. 50.	4000	3900. ♃. F. Beaujour.
Mt. St. Elie	M.St.E	38. 00.	22. 05.	3000	3000. ♃. F. Beaujour.
Ile de Scyros:					
Mt. Cochila	Cl.	38. 50.	22. 10.	2400	2430. ℬ. Gauttier (Brug.)
Ile de Mélos:					
Mt. St. Elie	El.	36. 45.	22. 05.	2400	2400. ℬ. Gauttier (Brug.)

PARTIE OCCIDENTALE,

avec les masses de montagnes généralement dites *ALPES DINARIQUES*, est entourée par le Drin, la Morava, la Save, la Kulpa et le golfe Adriatique.

Noms des hts. mesurées.	Abrév.	Latitd.	Longitd.	M. dériv	M. origin. — Méthode. — (Observateurs, &c.)
Telenka Draga	T. Drag.	45. 20.	12. 50.		
au sommet	...	...	...	2100	2101. △ Lichtenstern. (Hth. 2.)
au pied	...	...	...	1800	1812. △ Lichtenstern. (Hth. 2.)
Carlstadt, ville, la Kulpa.	...	45. 25.	13. 15.	700	C.
Mont Kapella	Kpla.	45. 10.	12. 55.	5000	2924. ℬ. Demian (Bendnt.)
Mont Kleck	M. Kl.	45. 05.	12. 45.	6500	6500. Hacquet (Milt.)
Ile de Lossini:					
Mtc. Ossero	Os.	44. 40.	12. 05.	1800	1795. △ Fallon.
Ile de Cherso:					
Mtc. Sys	Sys.	45. 00.	12. 00.	2000	1965. △ Fallon.

Noms des hts. mesurées.	Abrév.	Latitd.	Longitd.	M. dériv.	M. origin. — Méthode — Observateurs, &c.
Ile de Meleda, le sommet.	Ml.	44° 15′	12° 30′	1800	1800 d. Partsch (Bull. géolog. de Ferussac; Brug.)
Mtgnes. de Vellebitsch, le Velika Viscohieza	. . .	44. 30.	13. 00.	4300	4338. Waldstein & Kit-aibel (Milit.)
Le plus haut point du Mt. Badany	. . .	. . .	. . .	4200	4161. Waldstein & Kit-aibel (Militbg.) 4170. Bruguière.

Noms des hts. mesurées.	Abrév.	Latitd.	Longitd.	M. dériv.	M. origin. — Méthode — Observateurs, &c.
Monts Plissevitza	. . .	44° 30′	13° 30′	5500	6387. Demian (Beudant.) 8850. Waldstein & Kit-aibel. 2382. (?) △ Fallen (Brug.)
Nont Dinario	. . .	44. 05.	14. 00.	7000	7000. Hacquet (Milit.)
Mont Prologb	. . .	43. 50.	14. 30.	4200	4200. Partusier (Brug.)
Mont Biocova	. . .	43. 20.	14. 55.	5000	4878. Bruguière.

X. SYSTÈME ITALIQUE.

POSITION GÉOGRAPHIQUE { Latitude . . de 36° 30′ . . . à . . . 45° 10′ Longitude — 5° 20′ . . . à . . . 16° 10′

POSITION HYPSOMÉTRIQUE { Point culminant (Mont Etna) . . . . 10300. Elévation moyenne { des massifs . . . . 2-6000. des bases . . . . . 0-3000.

LIMITES NATURELLES: La Méditerranée, le golf Adriatique, le Po, le Tanaro, et la dépression de la chaîne entre Col de Tende et Monte Calvo.

1. ITALIE.
PARTIE SEPTENTRIONALE,
déterminée au Sud par le Tibre et une ligne de St. Stefano (St. Ste.) à Rimini; au Nord par les limites générales du Système. Elle comprend *L'APENNIN SEPTENTRIONAL.*

Elévation moyenne des massifs . . . . . 3—4000.

Noms	Abrév.	Latitd.	Longitd.	M. dériv.	M. origin. — Méthode — Observateurs, &c.
Cisterna, ville	Cist.	44. 45.	5. 40.	1270	1271. Alm. genov. 1848.
Casale, ville	Cas.	45. 10.	6. 50.	240	235. B. Plana. M. C. 1815.
Felizzano, ville	F.	44. 55.	6. 05.	530	523. B. Shuckburgh.
Alessandrie, ville	Aless.	44. 55.	6. 15.	190	190. Alm. genov. 1848.
Novi, ville	. . .	44. 45.	6. 50.	600	599. B. Schouw. (Corr. ast. 1.)
Gavi, ville	. . .	44. 40.	8. 30.	1000	993. B. Schouw. (Corr. ast. 1.)
Col du Monte Calvo	. . .	44. 10.	8. 50.	2750	2742. Chabrol.
Col de la Bocchetta	. . .	44. 35.	6. 35.	2570	2367. B. Schouw (C. ast. 1.)
Sommet de la Boc-chetta.	. . .	. . .	. . .	3280	3279. B. Schouw. (Corr. ast. 1.)
Marone, ville Campo Marone.	. . .	44. 30.	6. 35.	400	593. B. Schouw, (Corr. ast. 1.)
Monte Castellano	. . .	44. 10.	7. 15.	1570	1567. B. Alman. genov. 1818.
Alpes Apuans, en général	A. Apu.	. . .	. . .	4—6000.	
Monte, ou Alpe di Camporaghena.	. . .	44. 00.	7. 55.	6150	6155. △ Inghirami.
Pise, ville, (le clocher)	. . .	45. 40.	8. 05.	170	166. △ Inghirami.
Plaisance, ville	Pl.	45. 05.	7. 23.	220	217. B. Shuckburgh. 204. △ Carta topog. de Parma.
Parme, ville	. . .	44. 50.	8. 00.	220	238. B. Shuckburgh. 204. △ Carte topog. de Parma.
Modène, ville	. . .	44. 40.	8. 35.	200	204. Miltenberg. 200. Bruguière.
Bologne, ville	. . .	44. 50.	9. 00.	230	230. Caturegli (Mscrit.)
Monte Cimone	M. Ci.	44. 15.	8. 20.	6600	6348. B. Pini. 6672. △ Oriani. 6645. △ Inghirami.
Monti di Pistoja Corno alle Scale	M. Pi.	44. 10.	8. 30.	6000	5968. △ Inghirami.
St. Marcello, ville	St. Marcel	44. 05.	8. 25.	1950	1986. △ Inghirami. 1875. B. Pini.
Pietramala, village Col di Pietramala	. . .	44. 10.	9. 05.	2650 / 3000	2684. B. Schouw. (Mscrit.) 2906. B. Schouw (Mscrit.)

Noms des lts. mesurées.	Abrév.	Latitd.	Longitd.	M. dériv.	M. origin. — Méthode. — Observateurs, &c.
Falterona	...	43° 55'	9° 20'	5060	3070. △ Inghirami. 5044. B. Schouw (Mscrit.)
Cima di Vernia (Al-vernia.)	...	43. 50.	9. 40.	3900	3944. B. Pini. 3896. B. Schouw (Mscrit.)
Florence, ville	...	43. 45.	8. 55.	220	223. B. Shuckburgh. 206. Inghirami.
Arezzo, ville	Arc.	43. 50.	9. 55.	800	674. B. Pini. 834. △ Inghirami. 916. B. Schouw (Mscrit.)
Siène, ville	...	43. 25.	9. 00.	1020	1000. B. Shuckburgh. 1045. B. Schouw. (Mscrit.)
le dôme	...				1237. △ Inghirami.
Perugia, ville	...	43. 05.	10. 00.	1520	1524. B. Schouw (Mscrit.)
Lago di Perugia	...	43. 10.	9. 45.	800	794. B. Schouw (Mscrit.)
Ile d'Elbe: Mt. Capanne	M. Capan.	42. 45.	7. 50.	3000	3000. Thirhaud de Bernaud. 2460. △ Ing. franç. (Brug.) 3097. Plequet.
Ile de Mte. Cristo, le sommet	M. C.	42. 20.	8. 00.	2000	2100. △ Ingen. franç. (Brug.) 1902. △ Inghirami.
Radicofani, ville	Radico	42. 55.	9. 25.	2520	2321. B. Shuckburgh.
La forteresse	...			2800	2790. △ Inghirami. 2870. Shuckburgh (C. d. stati pont.)
Monte Amiata, ou Santa Fiora.	...	42. 50.	9. 15.	5370	5456. B. Schouw (Carr. ast. 1.) 5296. △ Inghirami.
Bolsena, ville	...	42. 40.	9. 55.	960	959. B. Schouw (Carr. ast. 1.)
Bric-Argentara, ou Cap Argentario.	Argent	42. 25.	8. 50.	2000	1662. △ Ingen. franç. (Brug.) 2450. Bruguière. 1827.
Viterbe, ville	...	42. 25.	9. 45.	1150	1180. B. Shuckburgh. (Cart. d. stati pont.) 1119. B. Schouw (Corr. ast. 1.)
Monte Soriano	M. Sorian	42. 25.	9. 50.	5800	3300. Boscowich (Carte d. stati pont.) 3925. △ Prony.
Monte St. Oreste (Monte Soracte)	...	42. 15.	10. 05.	2150	2129. △ Shuckburgh.

PARTIE CENTRALE.

comprenant L'*APENNIN CENTRAL*, est bornée au Nord par les limites méridionales de la première partie, et au Sud par le Volturno et la Cesone.

Noms des lts. mesurées.	Abrév.	Latitd.	Longitd.	M. dériv.	M. origin. — Méthode — Observateurs, &c.
Elévation moyenne des massifs . . . 5—6000.					
Monte di Carpegna	...	43° 50'	10° 00'	4500	4500. Prony (Brug.), M. C. 11.
St. Stefano, ville	St. Ste	43. 40.	9. 50.	1500	1289. Alm. genev. 1848.
Castello, ville	Castel	43. 50.	9. 55.	1000	C.
Monte Catria	...	43. 50.	10. 20.	5200	5208. Prony (Brug.) M. C. 11.
Nocera, ville	...	43. 10.	10. 25.	1450	1448. B. Pini.
Bagni di Nocera	...			1590	1590. B. Pini.
Monte Pennino	...	43. 05.	10. 30.	4850	4841. Prony (Brug.); M. C. 11.
Foligno, ville	Fo.	43. 00.	10. 20.	670	780. B. Schouw (Mscrit.) 659. B. Pini.
Spoleto, auberge au-des-sous de Spoleto.	Sp.	42. 45.	10. 20.	940	1014. B. Schouw (Mscrit.) 870. B. Pini.
Monte Fioncho	Fion.	42. 40.	10. 15.	4160	4188. Boscovich (C. d. stati pont.)
Monte Sibilla, le sommet	...	43. 00.	10. 55.	6800	6765. B. Schouw (Corr. ast. 2.) 7058. Boscovich (Milt.)
Castelluccio, le plus haut village des Apennins.	Ca.	42. 55.	10. 55.	4470	4460. B. Schouw (Corr. ast. 2.)
Ascoli, ville	...	42. 50.	11. 15.	480	478. B. Schouw (Corr. ast. 2.)
Monte Vetora	...	42. 45.	10. 55.	7650	7652. B. Schouw (Corr. ast. 2.)
Norcia, ville	N.	42. 50.	10. 45.	1870	1871. B. Schouw (Corr. ast. 2.)
Civita di Cascia, ville	C.	42. 45.	10. 45.	3670	3674. B. Schouw (Corr. ast. 2.)
Lionessa, ville	L.	42. 35.	10. 40.	3020	3019. B. Schouw (Corr. ast. 2.)
Terminillo grande }	Termi.	42. 50.	10. 40.	6600	6598. B. Schouw (Corr. ast. 2.)
Terminillo piccolo }	...			5940	5911. B. Schouw (Corr. ast. 2.)
Ricti, ville	R.	42. 25.	10. 30.	1290	1290. B. Schouw (Corr. ast. 2.)
Civita Ducale, ville	C. D.	42. 20.	10. 40.	1500	1500. C. Schouw.

Noms des hts. mesurées.	Abrév.	Latitd.	Longitd.	M. dériv.	M. origin. — Méthode. — Observateurs, &c.
Aquila, ville	Aq.	42° 45'	11° 05'	2250	2232. B. Schouw (Corr. ast. 2.)
GRAN-SASSO d'Italia **Mte. Corno.**	...	42. 25.	11. 15.	9000	8882. △ Carlini, Schouw (Mscrit.) 9377. B. Horace Delfico, 9055. B. Schouw (Corr. ast. 2.) 8255. Shackburgh(Miltenberg.)
Isola, ville	...	42. 50.	11. 25.	1520	1521. B. Schouw(Mscrit.)
Teramo, ville	...	42. 55.	11. 20.	860	804. B. Schouw (Corr. ast. 2.)
Monte-Vellino	...	42. 10.	11. 05.		
pointe occidentale	...	...	...	7700	7684. B. Schouw (Corr. astron. 2.) 7872. B. Shackburgh. 7387. Alm. genov. 1818.
pointe orientale	...	...	...	7500	7477. B. Schouw (Corr. ast. 2.)
Tagliacozzo, ville	Tag.	42. 05.	10. 55.	2000	2000, C. Schouw.
Lago di Celano, ou di Fucino.	L. d. Cela.	42. 00.	11. 10.	2050	2047. B. Schouw (Corr. ast. 2.)
Sulmona, ville	Sul.	42. 05.	11. 55.	1280	1283. B. Schouw. (Corr. ast. 2.)
Piano di cinque miglia.	Piano d. C.M.	41. 50.	11. 40.	4000	4000. B. Schouw(Mscrit.)
Monte-Majella, en général.	...	42. 05.	11. 45	7500	7500. T. Tenore.
Monte Amaro, sommet de la Majella.	...	...	...	8770	8770. B. Schouw (Corr. ast. 2.) 8100. T. Tenore.
Castel di Sangro, ville	...	41. 45.	11. 45.	2470	2469. B. Schouw(Mscrit.)
Monte Meta	...	41. 40.	11. 40.	6850	6850. B.? Capocci (Tenore.)
Isernia, ville	...	41. 55.	11. 55.	2500	G.
Monte Matese	...	41. 25.	12. 05.	6350	6350. B. Del Re (Tenore.)
Monte Gargano, en général.	...	41. 40. à 41. 50.	13. 25. à 13. 50.	3000	3000. X. Schouw (Mscrit.)
Sommet: **Mte. Calvo**	...	...	...		4800. Nobili (Miltenbg.) 4908. T. Nobili (Bruguière.)
Mte. Sagro	...	...	...		2726. B. Schouw (Mscrit.)
Rome, le plus haut point du **Janiculum**	...	41. 55.	10. 10.	290	297. △ Calandrelli (v. Buch, geogn. Beob 2.) 275. B. Shackburgh.

Noms des hts. mesurées.	Abrév.	Latitd.	Longitd.	M. dériv.	M. origin. — Méthode. — Observateurs, &c.
La Croix de St. Pierre	...	...	...	500	505. Carte d. stati pont.
L'Observatoire	...	...	...	180	176. △ Calandrelli.
Mont Capitolin	...	...	...	150	151. Alm. genov. 1818. 142. Shackburgh(Carte d. stati pont.)
le Tibre	...	...	...	50	31. B. Shackburgh.
Mte. Gennaro	Gen.	42° 05'	10° 30'	3950	3924. Boscovich (Milit. Alman. genov.) 3966. B. Schouw (Corr. ast. 2)
Tivoli, à l'auberge della Regina.	Ti,	42. 00.	10. 25.	750	729. B. Schouw (Corr. ast. 2,)
Albano, ville	Alb.	41. 45.	10. 20.	1250	1226. B. Schouw(Mscrit.)
Lago di Albano	...	...	...	920	920. B. Schouw (Corr. ast. 1.)
Monte Cavo	M.C.	41. 45.	10. 25.	2950	2966. B. Schouw (Corr. ast. 1.) 2951. 2881. v. Buch, geogn. Beob. 2.
Monte de Treconfini	Tre.	41. 30.	10. 35.	3870	3866. △ Prony.
Velletri, ville	Vel.	41. 40.	10. 25.	1110	1111. △ Prony.
Monte Schiena d'Asino	Sch.	41. 40.	10. 45.	4550	4547. △ Prony.
Sezza, ville clocher de la Cathédrale.	Sez.	41. 25.	10. 45.	940	942. △ Prony.
Monte Circeo	Circe.	41. 15.	10. 40.	1620	1622. △ Prony.
Terracine, ville	Terrac.	41. 20.	10. 55.	420	417. △ Prony.
Monte di Fato	...	41. 30.	10. 55.	3200	3195. △ Prony.

PARTIE MÉRIDIONALE,

au Sud du Volturno et de la Cesane, renferme *L'APENNIN MÉRIDIONAL.*

Élévation moyenne des massifs . . . . . 2—4000.

Noms des hts. mesurées.	Abrév.	Latitd.	Longitd.	M. dériv.	M. origin. — Méthode. — Observateurs, &c.
Ariano, ville paisage	...	41. 10.	12. 40.	2350	2350. B.Schouw(Mscrit.)
Le Vésuve	...	40. 50.	12. 05.	3700	3876. △ B. Humboldt. Brioschi, Minto; (Hdb. 12.) 3659. B. Saussure. 3686. Hamilton (Ph. trans. 67.) 3682. B. Shackburgh.

Noms des hts. mesurées.	Abrév.	Latitd.	Longitd.	M. dériv.	M. origin. — Méthode. — Observateurs, &c.
Monte Somma, Punta del Nasone.		40° 30'	12° 05'	3500	3509. B. Shuckburgh. 3510. Humboldt (Hertha 12.) 3411. Tenore.
Ischia, Mont-Epomeo		40. 45.	11. 50.	2400	2356. B. v. Buch (Canar. Ins.) 2447. B. Schouw (Mscrit.) 3000. K. Tenore.
Monte San-Angelo	M. St. Ang.	40. 40.	12. 10.	4430	4431. B. Tenore. 4475. △ Visconti. 4416. B. Capocci. 4400. B. Del Re. 4415. B. Schouw (Mscrit.)
Capri, Mte. Solaro		40. 30	11. 50.	1890	1886. Schouw (Mscrit.)
Monte Bulgario		40. 40.	12. 50.	3500	3496. B. Pini.
Lago Negro, ville		40. 05.	13. 30	2030	2031. B. Schouw (Mscrit.)
Monte Pollino,		39. 35.	13. 30.	7000	7004. B. Schouw (Mscrit.)
Dolce dorme				6800	6837. B. Tenore. 6931. B. Schouw (Mscrit.)
Monte Cucuzzo	Cucuz.	39. 05.	13. 30.	5000	4847. B. Schouw (Mscrit.) 5272. B. Tenore.
La Sila		39. 15.	14. 05.	4600	4631. Atn. genov. 1818.
Cosenza, ville		39. 10.	14. 00.	910	913. B. Schouw (Mscrit.)
Nicatro, ville		38. 50.	14. 00.	500	500. K. Schouw (Mscrit.)
Passage près de la ville				3000	3000. K. Schouw (Mscrit.)
Monte Leone, ville		38. 40.	13. 45.	1200	1200. K. Schouw (Mscrit.)
Aspromonte		38. 05.	13. 40.	6000	6000. K. Tenore.
Mte. Alto				4110	4110. △ Melegrani.
St. Stefano, ville	St. Ste.	38. 05.	13. 55.	2520	2516. B. Schouw (Mscrit.)

2. ILE DE SICILE.

Le grand *VOLCAN D'ETNA* et les *MONTAGNES DE LA MADONIE* sont les principaux massifs de cette île.

Elévation moyenne du haut plateau de la Sicile 1—2000.

Noms des hts. mesurées.	Abrév.	Latitd.	Longitd.	M. dériv.	M. origin. — Méthode. — Observateurs, &c.
Chateau, ou Citadelle de Milazzo	Milaz	38. 10.	12. 35.	500	500. B. Smyth.
Monte Scuderi		37. 55.	13. 10.	3400	2992. B. Smyth. 3807. B. Schouw (Mscrit.)
Monte Venerata	Vener.	37. 50.	12. 35.	2750	2744. B. Smyth.
Mola di Taormina, village, au-dessus de Taormina.	M. d. Taor.	37. 45.	13. 00.	1500	1487. B. Smyth.

Noms des hts. mesurées.	Abrév.	Latitd.	Longitd.	M. dériv.	M. origin. — Méthode. — Observateurs, &c.
MONT-ETNA, le sommet.		37° 40'	12° 45'	10300	11400. Spalanzani (Milt.) 10626 Brydone 10281. B. Saussure. 10270. B. Shuckburgh. 10052. Needham. 10492. B. Schouw (Biblioth. univ. 12.) 10200. B. Smyth. 10205. B. Herschell. 10226. △ Cacciatore. (Astron. Nachr. 9.)
Casino degli Inglesi (la Maison anglaise.)				9100	9200. B. Schouw (Bibl. univ. 12) 8997. B. Smyth.
MONTE-MADONIE, Pizzo di Case, la plus haute cime des Madonie		37. 30.	11. 40.	6100	6111. B. Schouw (Corr. ast. 2.)
Polizzi, ville		37. 40.	11. 40	2800	2764. B. Schouw (Corr. ast. 2.)
Mte. Camarata		37. 33.	11. 15.	4900	4922. K. Schouw (Mscrit.)
Collesano, village	C. San.	37. 35.	11. 35.	1500	1496. B. Schouw (Corr. ast. 2.)
Mte. St. Michel, ou Calogero.	S. Mich	37. 35.	11. 20.	2500	2506. B. Smyth.
Mte. Gibel-Rosso	Gibros	38. 00.	11. 00.	1850	1846. B. Smyth.
Monte Pellegrino, télégraph.	Pell.	38. 10.	11. 00.	1850	1834. B. Smyth.
Monte Cuccio	Cuc.	38. 10.	10. 55.	3060	3029. B. Smyth. 3097. △ Cacciatore.
Monte St. Guiliano (Mont Erix.)		38. 05.	10. 20.	2050	2018. B. Smyth. 3654. v. Borch (Reuss.)
Le Macalube		37. 15.	11. 20.	900	909. Renguière. 1890. K. Schouw (Mscrit.)

3. ILES DE LIPARI.

Noms des hts. mesurées.	Abrév.	Latitd.	Longitd.	M. dériv.	M. origin. — Méthode. — Observateurs, &c.
Felicudi, Montagnuolo.		38. 35.	12. 05.	2850	2855. B. Smyth.
Stromboli, Monte Schicciola.		38. 45.	12. 35.	2200	2820. v. Borch (Miltnb.) 2037. B. Smyth.
Vulcano, le sommet.		38. 20.	12. 45.	2400	2400. v. Borch (Milt.)
Lipari, Mte. St. Angelo.		38. 30.	12. 35.	930	920. B. Smyth.

4. ILE DE SARDAIGNE.

Noms des bts. mesurées.	Abrév	Latitd.	Longitd.	M. dériv.	M. origin. — Méthode. — Observateurs, &c.
Elévation moyenne des massifs . . . . . **2000.**					
Monte-Gennargentu point culm. Punta Schiuschiu.	Gengt.	41° 00'	6° 30'	**5630**	5651. B. Marmora.
Mtgnes. de Limbarra Mte. Gigantinu.	. . .	40. 30.	6. 50.	**3750**	3746. B. Marmora.
Mtgnes. de la Nurra	Mts. d. Nur.	40. 40.	5. 55.	**3000**	3000. X. Marmora.
Mtgnes. de Marghine	M. d. Margh.	40. 15.	6. 20.	**2—3000.**	X. Marmora.
Mtgnes. d'Arbus, . . . ou de Guspini.	M. d. Arb.	39. 30.	6. 10.	**3000**	3000. X. Marmora.
Mtgnes. des Sept-Frères.	M. S. Fr.	39. 20.	7. 05.	**3000**	3000. X. Marmora.

5. ILE DE CORSE.

Noms des bts. mesurées.	Abrév.	Latitd.	Longitd.	M. dériv.	M. origin. — Méthode. — Observateurs, &c.
Elévation moyenne des massifs . . . . . **4—5000.**					
Monte Padro	. . .	44° 45'	6° 50'	**7550**	7566. △ Carte de la Corse. 7503. △ Tranchot.
Monte Rotondo'	. . .	42. 15.	6. 48.	**8400**	8508. △ Tranchot. 8225. B. Perney de Villeneuve. 8460. Berghaus, Carte phys.
Monte d'Oro	. . .	42. 05.	6. 50.	**8250**	8166. △ Perney de Villeneuve (Brug.) 8540. Berghaus. C. phys.
Monte Piano	. . .	42. 30.	6. 35.	**7000**	7000. X.

XI. LA CRIMÉE ou LE SYSTÈME TAURIQUE.

Position géographique { Latitude . . . . de 44° 30' . . à . . 46° 00' / Longitude . . . — 30. 10. . . . . . 34. 00.

Position hypsométrique { Point culminant (le Tchatyrdagh) . . 4740. / Elévation moyenne { des massifs . . . 2-3000. / des bases . . . 0-2000.

Limites naturelles : La mer Noire, le golfe d'Azof et la plaine de la Russie. Le groupe de MONTAGNES TAURIQUE est le seul massif de cette division de terrain.

Nom		Latitd.	Longitd.	M. dériv.	M. origin. — Observateurs	Nom		Latitd.	Longitd.	M. dériv.	M. origin. — Observateurs
Le Tchatyrdagh	. . .	44. 50.	52. 00.			Le Babugan-Jaila . .	. . .	44. 40.	31. 50.		
pointe du S-O.	. . .	. . . . .	. . . . .	**4740**	4740. B. Engelhardt & Parrot.	le 1r sommet	. . .	. . . . .	. . . . .	**4720**	4722. B. Engelhardt & Parrot.
pointe du N-E.	. . .	. . . . .	. . . . .	**4550**	4328. B. Engelhardt & Parrot.	le 2e sommet	. . .	. . . . .	. . . . .	**4610**	4606. B. Engelhardt & Parrot.
la source au pied N-E. du Tchatyrdagh.	. . .	. . . . .	. . . . .	**2710**	2706. B. Engelhardt & Parrot.	Le Demirdschi Jaila .	. . .	44. 50.	52. 10.	**4700**	4700. B. Engelhardt & Parrot.

XII. GRANDE PLAINE DE L'EUROPE.

Position géographique : Latitude . de 43° 50' . . . à . 69° 20' ; Longitude — 7. 50. à l'O. à . 55. 00.

Position hypsométrique : Point culminant (le plateau de Waldai) 1100. Elévation moyenne : des massifs . . . . . 500. des bases . . . . . 0-500.

Limites naturelles : Le golfe de Biscaye, la Manche, la mer du Nord, le Kattegat, la Baltique, le golfe de Finlande, le bassin de Ladoga et d'Onéga, l'océan Glacial, les monts Ourals, la mer Caspienne, le golfe d'Asof, la mer Noire, les Carpathes, et le Système Germanique, Gaulois et Hespérique.

PARTIE OCCIDENTALE,
à l'Ouest de l'Elbe.

Noms des lts. mesurées.	Abrév.	Latitd.	Longitd. à l'O.	M. dériv.	M. origin. — Méthode. — Observateurs, &c.
Melle, ville	. . .	46° 15'	2° 30'	400	390-420. Berghaus, C. phys.
les hauteurs à l'Est de la ville.					
Plateau de Gatine,	. . .	46. 45.	3. 05.	450	420-450. Berghaus, C. phys.
les plus hauts points.					
Candes, ville	. . .	47. 15.	2. 20.	150	150. Berghaus, C. phys.
Montagnes d'Arrée	. . .	48. 30.	6. 00.	940	942. Berghaus, C. phys.
Montagnes Noires	. . .	48. 10.	6. 00.	770	768. Berghaus, C. phys.
Caumont, ville	Caumt.	49. 05.	3. 10.	850	846. Berghaus, C. phys.
Vire, ville	. . .	48. 50.	3. 15.	760	756. Berghaus, C. phys.
Mont-Halouse,	. . .	48. 40.	3. 00.	800	800. Berghaus, C. phys. 822. Cannebich, Géographie.
le point le plus élevé.					
Mayenne, ville	. . .	48. 15.	3. 00.	500	500. Berghaus, C. phys.
L'Aigle, ville	. . .	48. 45.	1. 45.	640	642. Berghaus, C. phys.
Chartres, ville	. . .	48. 25.	0. 50.	460	462. Berghaus, C. phys.
Orléans, ville	. . .	47. 55.	0. 25.	300	360. △ Méchain & Delambre.
au bord de la Loire	. . .	. . . .	. . . .	. . . .	270. Berghaus, C. phys.
Plateau d'Orléans,	. . .	. . . .	. . . .	340	340. Berghaus, C. phys.
le point le plus élevé.					
Paris,	. . .	48. 50.	0. 00		
la Seine				100	102. B. Cuvier & Brogniart (Brng.) 105. B. Ramond.
Sol de la Bourse				150	152. B. Cuvier & Brogniart (Brng.)
L'Observatoire royal 1er étage.				200	198. B. & △ Ann. d. Bur. de longitudes.
Montmartre				430	426. B. Cuvier & Brogniart (Brng.)

Noms des lts. mesurées.	Abrév.	Latitd.	Longitd.	M. dériv.	M. origin. — Méthode. — Observateurs, &c.
Montmirail, ville,	. . .	48° 50'	1° 15'	520	515. B. Oeynhausen. (Hth. 1.)
Montdidier, ville	Mont.	49. 55.	0. 15.	720	720. Berghaus, C. phys.
Rouen, ville	. . .	49. 30.	1. 15. oc	160	162. Berghaus, C. phys.
La Seine				20	24. Berghaus, C. phys.
Amiens, ville	. . .	49. 55.	0. 00.	120	124. △ Méchain & Delambre.
Le canal				. . . .	72. Berghaus, C. phys.
St. Quentin, ville	St. Qutin.	49. 50	0. 55.	300	300. Berghaus, C. phys.
Calais, ville	. . .	50. 55.	0. 50. oc	40	40. Bruguière, 1827.
Cassel, ville	. . .	50. 50.	0. 10.	510	510. △ Méchain & Delambre; Berghaus, C. phys.
Bethune, ville	. . .	50. 30.	0. 20.	120	116. △ Méchain & Delambre.
Bruxelles, ville	. . .	50. 50.	2. 00.	260	262. B. Schön, Witterungs-Kunde.
Vesel, villes	Vs.	51. 10.	4. 15.	50	50. H. Berghaus (Hertha 2.)
Le Rhin & la Lippe.					
Münster, ville (Stadtgraben.)	Münst.	52. 00.	3. 15.	160	158. B. Fr. Hoffmann. 157. B. Hoffmann & Berghaus (Hth. 1 & 2.)
Au collège des professeurs	. . .	. . . .		200	203. 195. B. Hoffmann & Berghaus; Roling (Hth. 1 & 2.)
Schöppingerberg	*	. . . .		500	491. B. & H. Berghaus (Hth. 2.)
Gronau, ville	Gr.	52. 10.	4. 50.	150	150. B. Berghaus (Hertha 2.)
Neuenhaus, ville	Nh.	52. 50.	4. 45.	60	55. H. Berghaus (Hertha 2.)
Hardenberg, ville	Bb.	52. 55.	4. 15.	40	45. H. Berghaus (Hertha 2.)
Meppen, ville, l'Ems.	Mp	52. 40.	5. 00.	50	50. C.

Noms des hts. mesurées.	Abrév.	Latitd.	Longitd.	M. dériv.	M. origin. — Méthode. — Observateurs, &c.
Lünebourg, ville . . . . . . / le Kalkberg, près de la ville.	. . .	53° 10′	8° 10′	180	184. K. Hoffmann (Gilberts Ann. 1824.)
Hitzacker, ville . . . . / l'Elbe.	H.	53. 10.	8. 40.	20	20. △ Hertha 3.
Werben, ville . . . . . . / l'embouchure de la Havel dans l'Elbe	. . .	52. 50.	9. 40.	40	39. △ Hertha 3.

PARTIE CENTRALE,

entre l'Elbe, le Kattegat, la Baltique, la Vistule, les Carpathes, et le Système Germanique.

Noms des hts. mesurées.	Abrév.	Latitd.	Longitd.	M. dériv.	M. origin. — Méthode. — Observateurs, &c.
Himmelbjerg, ... / en Jutland.		56. 05.	7. 10.	520	531. B. Gliemann. 500. B. Schouw (Mscrit.)
Skamlings Banke, ... / en Slesvig.		55. 25.	7. 15.	560	565. △ Vessel.
Sjunebjerg, ... / en Fionie.		55. 20.	7. 45.	590	585. K. H. O. Scheel.
Dysteds Banke, ... / en Seelande.		55. 20.	9. 40.	370	370. △ Bugge. 579. (?) △ Bugge.
Ile de Möen, ... / Aborrehjerg.		55. 00.	10. 10.	450	476. B. Schouw (Pabudan.) 455. B. & △ Olsen.
Bungsberg, ... / dans le Holstein.		54. 10.	8. 50.	480	484. △ Schumacher.
Ile de Rügen : Stubbenkammer, / en général		54. 55.	11. 15.	450	540. Bruguière. 560. Zöllner.
Herthaburg					473. B. Hagenow.
Königstuhl					393. B. Hagenow.
Arcona	*	54. 40.	11. 00.		167. B. Hagenow.
Platt, ville	Pl.	55. 50.	9. 55.	320	524. B. Seydewitz (Bruguière.)
Schwerin, ville	Sch.	55. 40.	9. 05.	130	132. B. Seydewitz (Bruguière.)
le lac					120. B. Seydewitz (Bruguière.)
Marlow, ville	Mar.	54. 10.	10. 10.	90	90. B. Seydewitz (Bruguière.)
Lac de Muritz		53. 50.	10. 25.	500	K.
Templin, ville	Temp.	53. 10.	11. 10.	210	212. B. Klöden (Brgh. Ann. 4.)

Noms des hts. mesurées.	Abrév.	Latitd.	Longitd.	M. dériv.	M. origin. — Méthode. — Observateurs, &c.
Oranienburg, ville . .	Or.	52° 50′	10° 50′	130	131. B. Klöden (Brgh. Ann. 4.)
Berlin, ... / le pavé de l'Observatoire.		52. 30.	11. 05.	110	80. 115. B. & △ Berghaus, (Bth. 4 & 5.)
Le Sprée				100	70. 103. B. & △ Berghaus, (Bth. 4 & 5.)
Potsdam, ville . . . . . / la Havel.	Pdm.	52. 25.	10. 45.	100	98. △ Hertha 7.
Grand Ravensberg				290	293. B. Fr. Hoffmann (Bth 7.)
Müggelsberg	Mbg.	52. 25.	11. 15.	300	315. B. Berghaus. (Hertha 7.) 225. B. Berghaus (Hth. 6.)
Col-Berg	Col-B.	52. 15.	11. 50.	300	298. B. Berghaus, (Hertha 5.)
Francfort, ville		52. 25.	12. 15.	120	116. Miltenberg.
Cracovie, ville		50. 05.	17. 55.	800	826. B. Schultes (nov. ann. d. voy. 15.) 680. Miltenberg.
Mtgs. de Cracus		50. 15.	17. 20.	950	980. B. Schultes (nov. Ann. d. voy. 15.)
Mt. Lysa, ou Lysa-Gora.		50. 40.	18. 40.	2000	2000. K. Engelhardt (Bgh. Ann. 5.)

PARTIE ORIENTALE,

à l'Est de la Vistule.

Noms des hts. mesurées.	Abrév.	Latitd.	Longitd.	M. dériv.	M. origin. — Méthode. — Observateurs, &c.
Le plateau central des lacs au Sud de Königsberg.				500	Hertha 3; Bgh. Ann. 2.
Lac de Spirding . . .	. . .	53. 50.	19. 25.	310	315. Hertha 3.
Le fort Lyk dans le lac de Spirding.	. . .			390	388. B. L. Feldt.
Lac de Maransen . . .	M.	53. 50.	18. 05.	430	428. B. L. Feldt.
Klein Maransen, village.	. . .			550	546. B. Wrede (Brgh. Ann. 2.)
Hohenstein	H.	53. 50.	18. 00.	510	513. B. L. Feldt.
Neidenburg, ... / le Schlossberg.	Neid.	53. 20.	18. 10.	530	530. B. L. Feldt.
L'Alle à Heilsberg . .	Hell.	54. 10.	18. 15.	170	166. B. L. Feldt.
Kreuzberg				450	409. 489. B. L. Feldt. Wrede (Bgh. Ann. 2.)
Trunz, village	Tr.	54. 10.	17. 20.	550	549. B. Watzke (Bgh. Ann. 2.)
Haasenberg	Hb.	54. 20.	18. 10.	600	593. B. Wrede.

Noms des lts. mesurées	Abrév.	Latitd.	Longitd.	M. deriv.	M. origin. — Méthode. — Observateurs, &c.
Goldappberg	Gb.	54° 15′	19° 55′	580	583. B. Wrede.
Puzewitch, ville . . . . . les hauteurs.		55. 30.	23. 30.	990	1003. △ l'Etat - major Russe (Eichenwald.)
Vilna, ville, ... Observatoire.		54. 45.	23. 00.	560	364. △ l'Etat - major Russe (Eichenwald.;
Montagnes, ou, proprement dit, le plateau de Waldai.		57. 30.	31. 00.	1100	1080. B. Pansner (nov. Ann. d. voy. 7, Brug.) 1250. Malte-Brun 8.
Ostaszkow, ville		57. 10.	30. 55.	800	804. B. Pansner (Brug.)
Torshok, ville		57. 00.	52. 58.	700	720. 700. Bredsdorff.
Nowgorod, ville		58. 35.	29. 00.	450	426. Bruguière.
Les hauteurs de Sall		58. 50.	24. 15.	520	516. △ Struve.
Dorpat, ville, ... Observatoire.		58. 25.	24. 25.	210	200. △ Struve.
Arrol (Megasti-Mäggi)		58. 05.	24. 05.	640	642. △ Struve.

Noms des lts. mesurées	Abrév.	Latitd.	Longitd.	M. deriv.	M. origin. — Méthode — Observateurs, &c.
Munna-Mäggi	M. M.	57° 40′	24° 40′	1000	997. B. Engelhardt & Ulprecht.
Blauberg	Bl.	57. 30.	23. 10.	400	397. B. Engelh. & Ulp.
Marienburg, lac	Mb.	57. 25.	24. 50.	590	589. B. Engelh. & Ulp
chateau				620	616. B. Engelh. & Ulp
Geise-Kaln		56. 50.	23. 40.	970	963. △ Struve.
Dabors-Kaln		56. 30.	23. 10.	500	493. △ Struve.
Riesenberg	Rb.	57. 00.	20. 40.	370	386. Dubois.
Pokroi, ville . . . . . les plateaux.	Po.	56. 00.	21. 25.	300	300-350. Dubois.
Szawl, ville, ... les plateaux.	Sz.	56. 00.	21. 00.	700	700-750. Dubois.
Oszmiana, ville. . . . les hauteurs.	Oszmi.	54. 25.	23. 30	680	683. Dubois.

ADDITIONS.

Page.	Noms des hts. mesurées.	Latitd	Longitd,	M. dériv.	M. origin. — Méthode. — Observateurs, &c.
	Système Britanni-que.				
7.	Ile de Sky :				
	en général			1—2000.	
	Mt. Cluchullin			3000	3000. Oeynhausen & Dechen (Karstens Arch. 1.)
	Ile d'Egg	56° 55′	8° 40′ oc	1200	1200. Oeynh. & Dechen (ibid.)
8.	Ile d'Arran :				
	Goatfell			2800	2900. Oeynh. & Dechen (ibid.)
8.	Ben-Newis			4100	4300. Oeynh. & Dechen (ibid. 2.)
	Source de la Spey	57. 00.	7. 00. oc	1150	1128. Bruguière 1827.
	Irlande :				
9.	Sleeve, ou Slieve-Donard.			2500	2480. B. Berger.
	Système Hespérique.				
	Source de l'Adour	42. 55.	2. 10. oc	6000	5940. Bruguière 1827.
	Système Gaulois.				
17.	Source de la Saar, au pied du grand Don-non.			1660	1636. B. Oeynhausen (Brug.)
	Source de la Seine, près de Chancesux.	47. 30.	2. 20.	1340	1338. B. And. d. Gy (Brug.)
18.	Source du Douhs	46. 55.	3. 50.	2860	2836. B. And. d. Gy
18.	Lac de Neuchâtel			1350	1350. △ Trechsel.
19.	Source de la Loire, sur la montagne nommée Gerbier de Joncs	44. 50.	1. 50.	4310	4312. B. Gouilly &c.

Page.	Noms des hts. mesurées.	Latitd	Longitd.	M. dériv.	M. origin. — Méthode. — Observateurs, &c.
19.	Source de l'Allier, dans la forêt de Mer-coire, sur la montagne de la Lozère.	44° 00′	1° 25′	4380	4383. B. Gouilly &c.
	Système Germanique				
26.	Eger, ville			1350	1328. B. David (Neue patriotische Schriften.)
27.	Saaz, ville			760	788. B. David (ibid.)
27.	Pilsen, ville			870	879. B. David (ibid.)
27.	Prague, ville			600	552. B. David (ibid.)
28.	Königsgrätz, ville			750	698. B. David (ibid.)
28.	Hohen-Elbe, ville			1420	1404. B. David (ibid.)
	Source de la Neisse à Neissbach.			2700	2626. B. v. Lindener (Karstens Archiv 4.)
	Source de l'Oder	49. 45.	13. 15.	1500	900. Bruguière, 2000. G.
	Système Alpique.				
33.	Berne, ville :				
	l'Aar			1600	1570. △ Trechsel.
33.	Lac de Thun			1800	1764. ∠ Trechsel.
33.	Napf (le signal)			4600	4580. △ Trechsel,
34.	Monte Baldo			6800	6768. △ Oriani (Ephm. 1823.)
34.	Monte Generoso, ou Calvaggione.			5300	5258. △ Oriani (ibid.)
	Carpathes.				
	Source de la Waag	48. 50.	17. 50.	24—2700.	Bruguière.
	Grande Plaine.				
	Source du Wolga	57. 00.	50. 50.	800	798. Bruguière. 1827

TABLE ALPHABÉTIQUE

DES MATIÈRES DU TABLEAU PRÉCÉDENT.

TABLE ALPHABÉTIQUE DES MATIÈRES.

BIBLIOTHÈQUE OROGRAPHIQUE,

CONTENANT LES OUVRAGES ET LES MATERIAUX LES PLUS IMPORTANTS EMPLOYÉS POUR L'ESQUISSE OROGRAPHIQUE DE L'EUROPE.

BIBLIOTHÈQUE OROGRAPHIQUE.

A.

A. G. E. Allgemeine geographische Ephemeriden von Fr. v. Zach. Weimar. 1798. &c. 8vo.

Almanacco (Nuovo) Genovese. Genova. 12mo.

Almanach, Helvetischer. Zürich. 12mo.

— Hessischer. . . . .

Andréossy, *le Général*. Mémoire sur les Dépressions de la surface du Globe; lu aux séances de l'Académie de sciences des 13 et 20 Fevrier 1826. Paris. 8vo.

Annalen der Erd- Völker- und Staatenkunde, von Dr. H. Berghaus. Berlin. 1830. &c. 8vo.

Annales de chimie et de physique. Paris. 1816. &c. 8vo.

— des mines. Paris. 1816. &c. 8vo.

— Nouvelles des Voyages par J. B. Eyriès et Malte-Brun. Paris, 1819. &c. 8vo.

Annals of Philosophy. London. 1813. 8vo. New Series. 1821. &c.

Annalen der Physik (voyez Gilbert).

Anales de Historia natural. Madrid. 1800. &c.

Annuaire du Bureau des Longitudes. Paris et Bruxelles. 12mo.

— du Département de la Corse pour l'Année 1829. Ajaccio. 1829. 12mo.

Antillon, *J. de.* Elementos de la Geografia de Espanna y Portugal. Valencia. 1815. Traduit en allemand dans les A. G. E. 41-42 Vol.

— Grundriss der astronomisch-physischen und politischen Geographie von Spanien. Aus dem Spanischen von Rehfuss. 8vo. Weimar; Industrie-Comptoir. 1814.

Astronomische Nachrichten, herausgegeben von H. C. Schumacher. Altona. 1823. &c. 4to.

Aster. (Voyez Miltenberg & M. C. 1812).

Aubuisson de Voisins, *J. F. d'.* Traité de Géognosie. 2 Volumes. Strasbourg & Paris. 1819. 8vo.

B.

Bailey. (Voyez Brewster Encyclopædie).

Balbi, *A.* Essai statistique sur le royaume de Portugal et d'Algarve. Paris. 1822. 8vo.

Bauzon, *Puy de.* (Kleinschrods geologischer Uebersicht der Auvergne. Hertha 14me Volume).

Bauza, *F.* (Ueber die Gestalt, &c. der iberischen Halbinsel, von A. Humboldt. Hertha. 4me Vol.)

Bayer. (Voyez Hertha. 11me Vol.)

Beaujour, *Félix*. (Bruguière).

Beaumont, *Albanis*. Description des Alpes grecques (voyez Bruguière 1830).

Beccaria. (Mémoires de l'Académie de Turin. 1788).

Becher. (Voyez Miltenberg).

Behlen, *S.* Der Spessart. Versuch einer Topographie dieser Weltgegend. 3 Volumes. Leipzig. 1823-27. 8vo. (Le Nivellement par Mrs. Meyer & Klauprecht d'Aschaffenbourg; voyez Hertha. 1r Volume)

Bénon & Mathieu. (Voyez Bruguière).

Benzenberg, *J. F.* Briefe auf einer Reise durch die Schweitz. Düsseldorff. 1811. 8vo. (Molls Jahrbücher, 3me Volume).

Berger, *J. F.* On the geological features of the North-eastern Counties of Ireland (voyez Transactions of the geological Society. 3me Vol. 1816.

Berger, *F.* Hauteurs de plusieurs lieux déterminées par le baromètre (Journal de physique. 65me Tome).

Berghaus, *H.* Charte von dem Harzgebirge. Topographisches und geognostisches Bild. Berlin 1822.

— Frankreich mit besonderer Rücksicht auf die Unebenheiten. Berlin. 1824. (Carte physique et orographique de la France).

— (Voyez Hertha).

Berghaus, *H.* (Voyez Annalen).

Bertoncelli & Pollini. (Voyez Pollini).

Beudant, *F. S.* Voyage minéralogique & géologique en Hongrie. 4 Volumes. Paris, 1822. 4to.

Bevilacqua Lazise, *J.* Dei combustibili fossili. Verona. 1816. 8vo.

Bibliotheca Italiana o sia Giornale di Letteratura &c. Milano. 1816. &c. 8vo.

Bibliothèque universelle. Sciences & Arts. Genève & Paris. 1816. &c. 8vo.

Biot & Arago. Recueil d'Observations géodésiques, &c., faisant suite au 3me Volume de la Base du Système Métrique. Paris 1821. 4to.

Bohnenberger, (Memminger. Thübinger Blätter. 1r Vol. Hertha 1r & 10me Volumes.)

Bohr, *G.* Om Justedalens Gletscher og Lodalskaaben. B andinger, 1ste Aargang. Bergen. 1823. &c.

Bolanno, *D. Antonio.* (Dictionnaire géographique par Min ino. Vol. 2).

Bonne & Broussaud. (Berghaus Annalen 3me Vol.)

Borda. (Voyez Miltenberg).

Bory de St. Vincent. Guide de Voyageurs en Espagne. Paris. 1823. 8vo. Traduit en allemand sous le titre: Gemälde der Iberischen Halbinsel. Heidelberg. 1827. 8vo.

— Dictionnaire classique d'histoire naturelle. Article: Montagnes.

— Résumé géographique de la peninsule Ibérique. Paris. 1826.

Boué, *A.* Essai géologique sur l'Ecosse. Paris. 1820. 8vo.

— Synoptische Darstellung der die Erdrinde ausmachenden Formationen. (Leonhards Zeitschrift für Mineralogie. 1827).

Breislak. (Voyez Miltenberg).

Bredsdorff, *J. H.* Udsigt over Bjergsystemerne paa det faste Land. Kjöbenhavn. 1826. 8vo.

— over Danmarks geognostiske Forhold (Tidsskrift for Naturvidenskaberne 1r, 8me, 9me & 13me Cahier).

Brewster. Encyclopædie. Edinburgh. 1812. 4to.

Brocchi, *G.* Conchiologia fossile Subapennina. Milano. 1814. 4to.

— Différents mémoires sur les rapports géognostiques de l'Italie dans la Bibliotheca Italiana, 5me, 8me, 9me, 11me, 14me, 18me, 19me Vol.

Broussaud & Nicollet. Mémoire sur la mesure d'un arc du parallèle moyen entre le pôle et l'équateur. Paris 1825.

Bruguière, *L.* Des Montagnes de la terre. Paris. 1827. 8vo.

— Orographie de l'Europe (Recueil de voyages et de mémoires publié par la Société de géographie. Tome 3me. Paris. 1830.

Brühl. Plan der Stadt und Vestung Mainz. Mainz. 1829. (le Nivellement par Mr. le Prof. Schmidt de Giessen. Voyez Kritischer Wegweiser, 1r Vol.)

Brydone. Tour through Sicily and Malta. London. 1773. 2 Volumes. 8vo. En allemand à Leipzig 1777. 2 Vol.

Buch, *L. v.* Reise durch Norwegen und Lappland. 1-2 Theil. Berlin. 1810. 8vo.

Buch, *L. v.* Ueber die Gränzen des ewigen Schnees im Norden. (Gilberts Annalen. 41 Band 8vo.)

— Geognostische Beobachtungen auf Reisen durch Deutschland und Italien. 2 Bände. Berlin 1802. 8vo.

— Esquisse d'une carte géologique de la partie méridionale du Tyrol. Paris. 1822. (Les cotes de hauteur sont dues principalement à Mr. Weiss de Berlin, à Mr. Herrisch de Schio et à Mr. Pollini de Vérone. Voyez Leonhards Taschenbuch. 18ter Band. 1824).

— Physicalische Beschreibung der Canarischen Inseln. Berlin. 1825. 4to. avec Atlas. Fol.

— Geognostische Generalkarte von Deutschland. 36 feuilles. Berlin. 1826.

Buchwalder, *A. J.* Carte de l'ancien évêché de Bâle, &c. (Voyez Hertha 1r Vol.)

Budstikken. euille périodique redigée par E. de Falsen. Christiania. 1818 &c.

Bugge, *T.* érations trigonométriques en Danemark, sous la direction de la Soc é des Sciences à Copenhague. Manuscrit.

— Beskriv over Opmaalingsmethoden ved de danske geographiske Kaart. Kjöbenhavn. 1779. 4to.

Bulletin universel. (Voyez Férussac).

Bürg. (Voyez Miltenberg).

Böckmann. (Voyez Memminger. Thübinger Blätter. 1r Vol.)

C.

Cacciatore. Observazione sul monte Cuccio. Palermo. 1824. 8vo.

Cambessedes. (Voyez Nouv. Annales des Voyages. 29me Vol. & Hertha 12me Vol.)

Cannabich, *J. G. Fr.* Lehrbuch der Geographie. 1827. 8vo.

Capacci (Voyez Tenore).

Carnall, *v.* (Voyez Zobel).

Carpelan. Kaart over det sydlige Norge. (Voyez Hisingers Tabeller).

Carte de l'Islande. Voxende Kaart over Island og Færöerne, udgivet af Sökaartarchivet i Kjöbenhavn, 1826.

— du Cercle de l'Isar. Statistische, geographische Karte vom Isarkreise, von der litterarisch-artistischen Anstalt zu München. 1830.

— minéralogique manuscrite du Comté de Glatz, citée par Bruguière, 1830.

Carta topografica di Ducati di Parma, &c. Milano. 1828.

— Nuova, degli stati pontifici méridionali. Milano. 1820.

Carte de la Corse par le Dépôt de la guerre à Paris.

— de la Suisse. (Voyez Reisekarte der Schweiz).

Cassini. (Voyez Maraldi).

Cavanilles, *Don A. J.* Observationes sobre la historia natural, geografia, &c., del Reyno de Valencia. Madrid. 1795. Fol.

Chabrol. Statistique de l'ancien Département de Montenotte. (Voyez aussi Bruguière).

Chappe d'Auteroche. Voyage en Sibirie an 1761. Paris. 1768.

Charpentier, J. F. W. v. Mineralogische Geographie der Chursächsischen Länder. Leipzig. 1778. 4to.

— Beiträge zur geognostischen Kenntniss des Riesengebirges. Leipzig. 1804. 4to.

Charpentier, T. v. Darstellung der Höhen Schlesiens. Breslau. 1815. 4to.

Charpentier, J. de Essai sur la constitution géognostique des Pyrénées. Paris. 1823. 8vo.

Chevalier, J. B. Voyage de la Propontide et du Pont-Euxin. Paris. 1802. 4to.

Clemente, Don Rojas. (Diction. geogr. par Minnano. 4me Vol., voyez aussi Hertha le 12me Vol.)

Commentationes Gottingensis. Göttinge. 1779 &c. 4to.

Conybeare & Phillips. Outlines of the geologie of England and Wales. London. 1822. 8vo.

Conybeare, W. D. Memoir illustrative of a general geological Map of the principal mountains chains of Europe (Annales of Philosophy. New Series. Vol. 5. 1823. 8vo.)

Corabœuf. (Recueil des Voyages, par la Société de Géographie à Paris 2me Vol. 4to.; aussi Hertha le 9me & le 11me Vol.)

Cordier. (Memoires de la Société d'Arcueil. Vol. 3).

Cordier & Ramond. (Voyez Bruguière).

Correspondenz, Monathliche, des Herrn Baron v. Zach. Gotha. 1800. &c., 8vo. M. C.

Correspondence astronomique, par Mr. de Zach. Gènes & Paris. 1818. &c. 8vo. C. A.

Cotte, P. Traité de météorologie. Paris. 1774. 4to. Le supplément 1788. (les Nivellements par Mr. Meyer).

Culloch, Mac. (Voyez Leonhards Taschenbuch. Vol. 15).

Cuvier. Recherches sur les ossements fossiles. 4 Vol. Paris. 1812. 4to

D.

Dalton. (Brewster Encyclopædie).

Daubeny, C. Sketch of the geology of Sicily (Edinburg philosophical Journal. 15me Vol. 1825).

David, Aloys. (Neue patriotische Schriften für Böhmen. 2ter Band. Voyez aussi Miltenberg & Bruguière).

Dechen, H. v. Barometerbestimmung der Höhe von Freiburg. 1825. (Hertha 7).

— (Voyez Oeynhausen).

Decker, C. v. Das Land zwischen Rhein und Maas. Une grande feuille. Berlin. 1824.

Delcros. (Bibliothèque universelle Vol. 8. Berghaus Annalen 3me Vol.)

Delfico, Horace. Osservazioni sopra una parte degli Apennini. (Appendice à G. B. Delfico, d'ell' Interamnia Pretuzia memorie. Napoli. 1812. 4to.)

Delambre. (Voyez Méchain & Delambre).

Del Re. (Voyez Tenore).

Delur. Recherches sur les modifications de l'Atmosphère. 8vo. Paris. Traduites en allemand: Untersuchung über die Atmosphære. 2 Vol. Berlin. 1776. 8vo.

Demarest. (All. geogr. Ephem. 1824).

Denaix. Essai de géographie méthodique & comparative. Paris. 1827. 8vo.

Depping. (Geographie de la France. Voyez Bruguière).

Deribier. Description statistique du Departement de la Haute-Loire. (Bruguière).

Dictionnaire classique d'histoire naturelle. . . . .

Donaldson. (Brewster Encyclopædie).

Dubois, F. Geognostische Bemerkungen über Lithauen. (Karstens Archiv 2me Vol.)

Ducarla. Expressions des nivellements, ou méthode nouvelle pour marquer sur les cartes terrestres et marines les hauteurs et les configurations du terrain, &c. Paris. 1782.

— Cahiers de Mr. Ducarla. 6me Cahier. Genève. 1780.

Dufour, Léon. (Bruguière).

Dupain-Triel. Carte hydro-orographique de la France. Paris. 1782.

E.

Ebel. J. G. Ueber den Bau der Erde in dem Alpengebirge. 2 Volumes. Zürich. 1808. 8vo.

Eckhardt, C. L. P. Carte von dem Gross-Herzogthum Hessen und dem Herzogthum Nassau; trigonometrisch aufgenommen. Darmstadt. 1829. 8 feuilles. (Voyez aussi Kritischer Wegweiser 1ster Band).

Edinburgh philosophical Journal, conductet by Brewster and R. Jameson. Edinburgh. 1819. 8vo.

Eflemeridi astronomiche di Milano. Milano. 1819. 8vo.

Eichwald. Naturbeschreibung von Lithauen. Berlin. 1830. 4to.

— Geognostische Bemerkungen über Lithauen, Wolhynien und Podolien. (Karstens Archiv 2me Vol.)

Emmerich. Karte vom Regierungsbezirk Arnsberg. 1830.

— (Voyez Hertha, 8me Vol.)

Engelhardt. (Voyez Berghaus Annalen, 3me Vol.)

Engelhardt, M. v. Darstellung aus dem Felsengebäude Ruslands. 1ste Lieferung: geognostische Umrisse von Finland. Berlin. 1821. Fol.

Engelhardt & Parrot. Reise in die Krim und den Kaukasus. Berlin 1815. 8vo.

Engelhardt, M. v. & Ulprecht, E. Umrisse der Felsstructur Ehstlands und Livlands (Karstens Archiv, 2ter Band).

Ersch, J. S. & Gruber, J. G. Allgemeine Encyclopædie der Wissenschaften und Künste. Leipzig. 1818 &c. 4to.

Erxleben. (Voyez Gottschalk.)

Escher. (Voyez Miltenberg).

Eschwege. Alturas de differentes pontos dos Provincias de Portugal sobre o nivel do mar. Lisboa. 1824.

— Bestimmung der Höhe mehrere Orte in Portugal; aus barometrischen Beobachtungen. 1824. Hertha. 3me Vol.

Esmarch, L. (Voyez Örsted).

Esmarch, J. (Topographisk-statistiske Samlinger af Selskabet for Norges Vel. Christiania. 1812. 1818. 8vo.

— Reise fra Christiania til Trondhjem. Christiania. 1829. 8vo.

Espinosa. Memorias sobre las observaciones astronomicos, hechas por los navegantes espannoles. Madrid. 1809.

Extrait du Registre des Voyageurs, déposé à la grande Chartreuse près de Grénoble (Communiqué à l'Auteur de l'Esquisse par Mr. le Chef de Batallion du Génie *Auguoyat*).

F.

Fabri. (Voyez Reuss).

Fallon, L. A. Le Général. Karte der Grafschaft Tyrol, vom K. K. oesterr. Generalqvartiermeister-Stab. (Voyez Kritischer Wegweiser, 1ster Band).

Fallon, L. A. Hypsometrie von Oesterreich, aus trigonometrische Nivellirungen hergeleitet, &c. Herausgegeben von F. F. v. Neudegg. 1ster Band. Wien. 1831. 4to.

Faujas de St. Fond. (Voyez Reuss).

Feer, Joh. (Voyez Hertha le 7me Vol. & Miltenberg).

Felbinger. (Miltenberg).

Feldt, L. Hypsometrische Resultate (Kritischer Wegweiser, 1ster Band, & Berghaus Annalen, 2ter Band).

Férussac. Bulletin universel des sciences et de l'industrie. Paris. 1824. &c. 8vo.

Filz. (Hertha 12me Vol.)

Forchhammer. Nivellement barométrique des îles de Færöe. Manuscrit.

— des rapports géognostiques de Danemark. Communication verbale à l'Auteur de l'Esquisse.

Forsell, C. Charta öfver Skandinavien. Stockholm. 1815-26. 8. feuilles.

Franzini, M. M. Roteiro das costas de Portugal. Lisboa. 1812. (Voyez Hertha, 3me Vol.)

Frisack. Opérations trigonométriques en Islande. 1807-14. Manuscrit.

Fröbel. (Hertha, 10me Vol.)

G.

Gardner, J. A View of the Grampians Mountains taken from the trigon. survey of England. Delineated and published by Gardner. London. 1823. 2 grandes feuilles.

Gasser. Der obere Bodensee und seine Tiefen. 1826. Stuttgart?

Gauss. (Hertha, 11me Vol.; Kritischer Wegweiser, 1ter Band).

Gauthey. Mémoires sur les canaux, 3 Volumes, 4to. (Cités p. Bruguière).

Gensonne. (Reuss, 1ster Band).

Germar, E. F. Reise nach Dalmatien, Leipzig und Altenburg. 1817. 8vo.

Geological Transactions. London. 1811. &c. 4to.

Gersdorff, v. Versuch die Höhe des Riesengebirges, wie auch verschiedene andere Berge, zu bestimmen. Berlin. 1772. 4to.

Gerstner. Beobachtungeu auf Reisen durch das Riesengebirge. Dresden. 1791. 4to. (Voyez aussi Hertha, 9me Vol. & Reuss, Geognosie, 1r Vol.)

Gilbert, L. W. Annalen der Physik. Halle. 1799 &c. 8vo.

Gliemann, T. Geographische Beschreibung von Island. Altona. 1824. 8vo.

— Amtskaartene over Danmark. Kjöbenhavn. 1825-29. 32 petites feuilles.

Goldfuss und Bischof. Physikalisch-statistische Beschreibung des Fichtelgebirges. (Berghaus Annalen. 4me Vol.)

Gottschalk, F. Taschenbuch für Reisenden in den Harz. Magdeburg. 1823. 8vo.

Gouilly & Arnaud. (Déscription géognostique des environs du Puy en Velay, &c., par J. M. Bertrand-Roux. Paris & Puy. 1823. 8vo. Voyez aussi Hertha, 5me Vol.)

Grape, E. (Wahlenberg).

Greenough, G. B. Geological map of England. 4 gr. feuilles avec une mémoire en 4to. London. 1820.

Grillo. (Miltenberg).

Guérin, J. Déscription de la fontaine de Vaucluse. Avignon. 1813. 12mo.

Gy, André de. Construction et usage d'un baromètre portative, &c. suivis des observations barométriques, qui ont été faites dans les Alpes, le Jura, les Vosges, le Morvant, et dans les plaines qui séparent ces chaines de montagnes. (Journal des mines. Tome 18me).

H.

Haas. Militair Situationskarte in 24 Blättern, von den Ländern zwischen dem Rheine, dem Maine und Neckar. (Les hauteurs sont déterminées par les observations barométriques de Mr. Eckhardt).

Hagelstam. Karta öfver Sverige och Norrige. Stokholm. 1820.

Hagenow, F. Specialkarte der Insel Rügen. Berlin. 1829. (Voyez Kritischer Wegweiser, 2me Vol.)

Hallaschka. (Hertha, 3me Vol. & Berghaus Annalen, 1r Vol.)

Hallström, C. P. Geometriske Mätningar (Hisingers Profiler).

Hausteen. (Budstikken 1822; Hisingers Profiler).

Hartmann, C. J. Svenska Vetenskabs Academiens Handlingar. Stockholm. 1814. 8vo.

Hassel, J. G. F., Gaspari, B. Ch., Cannabich, J. Ch. F. und Guthsmuth, J. C. F. Handbuch der Erdbeschreibung. Weimar. 1819 &c. 23 Volumes. 8vo.

Hausmann, J. F. L. Ueber die geognostischen Verhältnisse Spaniens. (Hertha, 12me Vol.)

— De Apenninorum constitutione geognostica commentatio. (Commentationes Gottingensis recentiores. Volumen 5. 4to.)

Hawliczeck. (Berghaus Annalen, 2me Vol.)

Hazzi, J. Statistische Aufschlüsse über das Herzogthum Baiern. Nürnberg. 1801. 8vo. (Allgemeine geographische Ephemeriden. 9r Band).

Hegetschweiler. Reisen in den Gebirgsstock zwischen Glarus und Graubündten, in den Jahren 1810-20-22. Zürich. 1823. 8vo.

Heinrich, Placidius. (Miltenberg).

Hellant, (Wahlenberg).

Heller. (Miltenberg).

Helvetischer Almanach. Zürich. 12mo.

Héricart de Thury. (Voyez Thury).

Hermelin. Charta öfver Örebro Län. (Hisingers Profiler).

Herrenschneider, (Hertha. 1r Vol.)

Herrisch. (Bevilacqua Lazise).

Herschel. (Canarische Inseln von v. Buch).

Hertha. Zeitschrift für Erd- Völker- und Statenkunde, von H. Berghaus und K. F. V. Hoffmann. Stuttgart und Thübingen. 1825 &c. 8vo.

Hertzberg, (Hisingers Profiler).

Hessischer Almanach. 1815.

Hisinger, W. Anteckninger i Physik och Geognosie under Resor uti Sverige och Norrige. Upsala. 1819-23. 8vo.

— Versuch einer mineralogischen Geographie von Schweden, übersetzt von Wöhler. Leipzig. 1826. 8vo.

— Profiler och Tabeller öfver de förnamste Bergshöider, &c., i Sverige och Norrige. Stockholm. 1827. 4to.

— Tabeller öfver Höjdmätninger i Sverige och Norrige. Stockholm. 1829. 8vo.

Hofer. Das Riesengebirge. Wien. 1803. 8vo.

Hoff, v. (Miltenberg. Monathl. Correspondenz. 1812).

Hoffmann, F. Ueber die Beschaffenheit des römischen Bodens, nebst einigen allgemeinen Betrachtungen über den geognostischen Character Italiens (Poggendorffs Annalen. 92r Band).

— Uebersicht der orographischen und geognostischen Verhältnisse vom nordwestlichen Deutschland. Leipzig. 1830. 8vo.

— Geognostischer Atlas vom Nordwestlichen Deutschland. Berlin. 1830.

Hoffmann, K. F. V. (Hertha).

Hoffmann, K. F. V. Umrisse zur Erd- und Staatenkunde vom Lande der Deutschen. Stuttgart. 1823. 8vo.

Hopfgarten. Höhen über der Meeresfläche im preussischen Staate. Glatz. 1820.

Hoser. (Miltenberg).

Hugi, F. J. Naturhistorische Alpenreise. Solothurn & Leipzig. 1830. 8vo. (Berghaus Annalen. 3me Vol.)

Humboldt, A. v. Des lignes isothermes. (Mémoires de la Société d'Arcueil. 3me Vol. Paris. 1817. 8vo.)

— Voyage aux régions équinoxiales, avec Atlas géographique & physique du nouveau Continent. Partie historique. Paris. 1816-20. 8vo.

— Ueber die Gestalt, &c., der iberischen Halbinsel. (Hertha. 4me Vol.)

I.

Jameson. System of Mineralogy. 3 Volumes. Edinburgh. 1820. 8vo.

— Mineralogische Reisen durch Schottland. Uebersetzt von Muder. 1802. 8vo.

— (Miltenberg. Bruguière).

Ingenieurs français, ou Dépôt de la guerre à Paris. Extrait des opérations géodésiques, exécutées le long de la chaîne des Pyrénées en 1826 & 1827, pour la nouvelle Carte de France. Manuscrit.

Ingenieurs sardes, &c. Opérations géodésiques et astronomiques pour la mesure d'un arc du Parallèle moyen, exécutées en Piémont et en Savoie par une commission composée d'Officiers de l'Etat-major général et d'Astronomes piémontais et autrichiens, en 1821, 22 & 23. Milan. 1823-27. gr. 4to. (Voyez aussi Berghaus Annalen, 1r Vol.; Hertha 1r & 11me Vol.; Mémoire de la Société de Géographie, 2me Vol.; Broussaud & Nicollet; v. Welden; &c.)

Inghirami, G. Elevazione delle principale eminenze. Firenze. 1828. 8vo.

— Carta geometrica della Toscana. Firenze. 1830. 4 feuilles.

Journal des mines. Paris. l'an 3. 8vo.

— de physique, de chimie, d'histoire naturelle et des arts. Paris. l'an 2. 4to.

Juan, Don Jorge. (Espinosa).

Jungnitz. (Berghaus Annalen, 1r Vol.; Hertha, 11me Vol.)

K.

Karsten, C. J. B. Archiv für Mineralogie, &c. Berlin. 1829 &c. 8vo.

Kastner, C. W. G. Handbuch der Meteorologie. Erlangen. 1823-23. gr. 8vo. (Hertha, 11me Vol.)

Kayser. (Miltenberg).

Keferstein, Ch. Teutschland geognostisch-geologisch dargestellt. 5. Volumes. Weimar. 1821. 8vo.

— Geognostische Bemerkungen über die basaltischen Gebilde des westlichen Deutschlands. Halle. 1820. 8vo.

Keilhau & Boeck. (Magazin for Naturvidenskaberne. 1825. Christiania. 8vo.)
Keilth, Dr. (Brewster Encyclopædie).
Kiemann. (Bruguière).
Kirwan. (Brewster Encyclopædie).
Klauprecht. (Der Spessart von Behlen).
Klinger. (Miltenberg).
Kretschmar, C. F. Zeitschrift für die gesammte Meteorologie. Chemnitz. 1825. gr. 4to.
Kritischer Wegweiser im Gebiete der Landkarten-Kunde. Berlin. 1829. &c. 8vo.

L.

Lachmann. (Hertha 11me & 12me Vol.)
Lagergreen. Geometriska Mätningar. (Hisingers Profiler).
Laing, J. A Voyage to Spitsbergen &c. London. 1815. 8vo.
Lambert. (Miltenberg).
Langnickel. (Hertha 11me Vol.)
Lasius. (Miltenberg).
Leonhard, C. C. v. Taschenbuch für die gesammte Mineralogie (continué sous le nom de Zeitschrift für Mineralogie) 1806-29. Frankfurt am Main. 8vo.
Leonhard, C. C. v. & Bronn, H. G. Jahrbuch für Mineralogie, &c. 1830 &c. Heidelberg. 8vo.
Léon-Dufour. (Bruguière).
Lichtenberg. (Bruguière).
Lichtenstern, J. M. v. Ueber die gemeinnützigste Verbindung der europäischen Meere. (Hertha 2me Vol.)
Lindenau. (Miltenberg: Bruguière; all. geogr. Ephemeriden. 1r Vol.)
Link, H. J. Bemerkungen auf einer Reise durch Frankreich, Spanien und vorzüglich Portugal. Kiel. 1801-4. 8vo.
Lintz, L. Die Gränzen zwischen der Feldt- und Waldkultur, in besonderer Beziehung auf die Länder des linken Rheinufers, binnen dem Rhein, der Saar, Mosel und Aar. Bonn. 1826. 8vo.
Lupin. (Hertha 1r Vol.)

M.

Mackenzie. Travels in Iceland. London. 1812. 4to.
Magazin for Naturvidenskaberne. 1825 &c. Christiania. 8vo.
M'Culloch. (Leonhards Taschenbuch 18me Vol.)
Malte-Brun. Précis de la Géographie universelle, &c. 8 Volumes. Paris. 1810. 8vo. Atlas.
Malten, v. Nivellement der Jurakette. (Hertha 12me & 14me Vol.)

Marochini. (Bevilacqua Lazise).
Maraldi. (Miltenberg).[*)]
Marmora, Albert de la. Voyage en Sardaigne. Paris. 1826. 8vo. avec Atlas.
Mayer. (Mémoire de la météorologie par Cotte. 2me Vol.)
Méchain & Delambre. Base ou système métrique. Paris. 1806. &c. 4 Volumes. 4to. Comprenant le Recueil d'Observations géodésiques &c., en Espagne, en France, en Angleterre et en Ecosse, &c. par *Biot & Arago.*
Mechlenburgisch-Strelizer Staats-Kalender. Neu-Strelitz... 1808... 8vo.
Melograni. Déscription géologique de l'Aspromonte. Naples. 1823. 8vo.
Memminger, J. D. G. Beschreibung von Würtemberg. Stuttgart. 1823. 8vo.
— Würtembergische Jahrbücher für vaterländische Geschichte, Geographie, &c. Stuttgart. 1822 &c. 8vo.
Mémoires de l'Académie de Turin. Turin. 1784 &c. 4to.
— de l'Académie imp. & royale des sciences & belles lettres de Bruxelles. 1777 &c. 4to.
— de physique & de Chimie de la Société d'Arcueil. 3 Volumes. Paris. 1807-17. 8vo.
Mémorial du Dépôt général de la guerre. Paris. 1826 &c. 4to.
Merian, P. Beiträge zur Geognosie. Basel. 1821. 8vo.
Michaëlis. (Hertha, 10me Vol.)
Miltenberg, W. A. Die Höhen der Erde. Frankfurt am Main. 1815. 4to.
Mindel. Wegweiser von Düsseldorff. (Hertha, 1r Vol.)
Minnann, D. S. Diccionario Geografico. Madrid. 1826.
Moll, K. E. F. v. Jahrbücher der Berg- und Hüttenkunde. Salzburg. 1797. 1801. 5 Vol. 8vo. (Neue Jahrbücher. 3 Vol. Nürnberg. 1808-10.)
M. C. Monathliche Correspondenz par Mr. de Zach. Gotha 1800 &c. 8vo.
Morozzo. Mémoires de l'Académie de Turin. 1788.
Munke. Anfangsgründe der Naturlehre. Heidelberg. 1819. 8vo.
Mädler. (Berghaus Annalen, 1r Vol.)
März. Nivellement barométrique de quelques hauteurs en Islande. Manuscrit, communiqué à l'Auteur de l'Esquisse.

N.

Napion. (Mémoires de l'Académie de Turin 1790).
Naumann, C. F. Fragmente über eine Wanderung von Kongsberg nach Suledal. Gilberts Annalen. 71me Vol.
— Bemerkungen auf einer Wanderung über Langfjeld und Dovrefjeld. Gilberts Annalen. 71me Vol.
— Beiträge zur Kenntniss Norwegens. Leipzig. 1824. 8vo.

---

*) Les mesures de *Maraldi*, de *Cassini* et de plusieurs autres Académiens français se trouvent en original dans les 5 premiers Volumes des mémoires de l'Académie des sciences de Paris.

Naumann, C. F. (Leonhards Taschenbuch 1825).
Needham. (Mémoires des Bruxelles. Tome 1r. 1780).
Neue Schriften der Kais. Kön. patriotisch-oekonomischen Gesellschaft im Königreiche Böhmen. Prag. 1829 &c. 8vo.
Nimmo. (Whright, a guide to the lakes of Killarney, cité p. Bruguière).
Nordenstedt, A. Geometriske mätningar. (Hisingers Profiler).
Nose, K. W. Orographische Briefe über das Siebengebirge und die benachbarten zum Theil vulkanischen Gegenden beider Ufer des Niederrheins. 3 Volumes. Frankfurt a. M. 1789-91. 4to

O.

Odeleben, O. v. Die topographische Aufnahme der Sächsischen Schweitz. Ein Kommentar zu der Karte der Gegend von Hohenstein und Schandau. Dresden. 1830. 4to.
Oeynhausen, C. v. Versuch einer geognostischen Beschreibung von Oberschlesien. Essen. 1822. 8vo.
Oeynhausen, C. v., H. v. Dechen & H. v. La Roche. Geognostische Umrisse der Rheinländer, &c. Essen. 1825. 8vo.
Oeynhausen, C. v. Barometrisches Nivellement in Lothringen, Elsass, &c. angestellt durch C. v. Oeynhausen, H. v. Laroche und H. v. Dechen. (Hertha, 1r Vol.)
Oeynhausen, C. v. & H. v. Dechen. Geognostische Reobachtungen über der Schiefergebirge in den Niederlanden und am Niederrhein. (Hertha, differents Volumes).
— Ueber den Steinkohlenbergbau in England. (Karstens Archiv. 8me Vol.)
Oklsen. Opérations trigonométriques en Islande 1807-14. Manuscrit.
Olafsen, O. & B. Povelsen. Reise gjennem Island i Aarene 1752-57. Kjöbenhavn.1772. 4to.
Olsen, O. N. Opérations géodésiques de l'Etat-major danois. 1832. Manuscrit.
Omalius d'Halloy, J. J. d' Observations sur un essai de Carte géologique de la France &c. Paris. 1823. 8vo.
Oriani. Effemeridi di Milano. 1822-24.
Osterwald, J. F. d'. Carte de la principauté de Neuchâtel, levée de 1801-6. Paris.

P.

Paludan, J. Forsög til en antiqvarisk, historisk, statistisk og geographisk Beskrivelse over Möen. 2 Vol. Kjöbenhavn. 1822-24. 8vo.
Papon. Voyage en Provence (cité par Bruguière).
Parrot, F. Reise in den Pyrenäen. Berlin. 1825. 8vo.

Passinge. (Miltenberg).
Pennant. (Bruguière).
Phillips. (Voyez Conybeare).
Philosophical Transactions. London. 1665 &c. 4to.
Picquet. Dictionnaire géographique. Paris. ... 8vo.
— Carte de l'île d'Elbe. 1814. Paris.
Pini, E. Memoria minéralogica sulla montagna di St. Gottardo. Milano. 1783. 8vo.
— Elevazione di diverse monte (Opuscoli di Milano. 22me Vol.)
Playfair. Description of Scotland. Edinburgh. 1819. 8vo.
Poggendorff. Annalen der Physik und Chemie. Leipzig. 1824. &c. 8vo.
Pollini, C. Viaggio al lago di Garda e al monte Baldo. Verona. 1816. 8vo.
Pommense, Haerne de. Des canaux navigables. Paris. 1822. avec Atlas. 2 Volumes. 4to.
Pouqueville. H. L. Voyage en Morée et plusieurs autres parties de l'empire Ottoman. Paris. 1805. 8vo.
— Voyage dans la Grèce. 5 Volumes. Paris. 1820-21. 8vo.
Prony. Description hydrographique et historique des Marais-Pontins. Paris. 1822. 4to.
Pusch. Ueber die geognostische Konstistution der Karpathen und der Nordkarpathen-Länder. (Karstens Archiv, 1r Vol.)
Povelsen, H. & O. Olafsen. (Voyez Olafsen).

R.

Ramond, L. Observations faites dans les Pyrénées pour servir de suite à des Observations sur les Alpes. Paris. 1789. 8vo.
— Voyages au Mont-Perdu. Paris. 1801. 8vo.
Ramond. Nivellement barométrique des Monts-d'ors &c. (Mémoires de l'Institut 1815-15).
Reboul & Vidal. Nivellement des principaux sommets de la chaîne des Pyrénées (Annales de Chimie et de Physique. Tome 5. 1817).
Recueil de voyages et de mémoires publié par la Société de Géographie. Paris. 1824 &c. 4to.
Régistre des Voyageurs. (Voyez Extrait du Régistre &c.)
Reichhardt. (Miltenberg).
Reisekarte der Sshweitz. Bei Cotta in München. 1830.
Reuss, F. A. Lehrbuch der Mineralogie. Leipzig. 1801-6. 8 Bände. 8vo.
Rheinnivellement (Hertha, 1r Vol.)
Riedl. Karte von Bayern. München. 1830.
Ritter. Beschreibung merkwürdiger Berge &c. 2 Vol. Posen. 1806. 8vo.
Ritter, E. 6 Karten von Europa über Producte, physische Geographie und Bewohner dieser Erdtheil. Suepfenthal. 1820.

Rodrigues, J. Notice géognostique sur la Sierra Nevada (Annales de Chimie 1822. 8vo.)
Rollmann. (Benzenberg; Hertha; 12me Vol.)
Roy, le Général. La Mesure de dégré en Angleterre. (Montl. Corr. 1808 & 1812, voyez aussi Reuss, Bruguiére & Miltenberg).
Röpert. (Montl. Correspondenz 1812).
R. v. L. Orographie von Deutschland, 2 feuilles. Berlin. 1826.

S.

Sammlungen zur Physik und Naturgeschichte. Leipzig. 1778 &c. 8vo.
Sartorius, G. C. Geognostische Beobachtungen und Erfahrungen. Eisenach. 1821. 8vo.
— Nachtrag zu den geognostischen Beobachtungen. Eisenach. 1825. 8vo.
Saussure, H. B. Voyages dans les Alpes. Neuchâtel. 1779-96, 4 Volumes. 4to.
Schaub. (Leonhards Taschenbuch. 1817. Miltenberg).
Scheel, H. O. Almindeligt Udkast af Krigens Skueplads. Kjöbenhavn. 1788. 4to.
Scheel. Opérations trigonométriques en Islande. 1807-14. Manuscrit.
Scheibel. (Miltenberg).
Schmiedel. (Kretschmars Zeitschrift für Mineralogie. 1r Vol. Voyez aussi Fr. Hoffmanns orogr. Verhältnisse).
Schmidt. Geschichte und Beschreibung des Grossherzogthums Hessens. (Hertha 1r & 8me Vol.; Bruguiére).
— de Giessen. (Ulrich, Situationskarte; Brühl, Plan der Stadt Mainz).
Schneider. (Neue geogr. Ephemeriden 1819. Miltenberg).
Scholz & Feldt. (Berghaus Annalen, 1r Vol.)
Schouw, J. F. Specimen geographæ, physicæ comparativæ. Hauniæ. 1828. 4to.
— (Voyez Paludan).
Schramm. (Hertha 9me & 11me Vol.)
Schrön. (Hertha, 8me Vol.)
Schriften (Neue) der patriotisch-ökonomischen Gesellschaft im Königreiche Böhmen. Prag. 1820 &c. 8vo.
Schultes, J. A. Reise durch Oberösterreich. 2 Vol. Wien. 1804. 8vo.
Schultz, F. (Gottschalk).
Schultz. (Norsk Magazin. 8 Vol.)
Schumacher, H. C. (Voyez Astron. Nachrichten).
— Opérations géodésiques de la mesure de dégré en Danemark. Manuscrit.
Schübler. (Memminger; Thübinger Blätter für Naturwissenschaft. 1r V.)
Schön. Die Witterungskunde und ihrer Grundlage. Würtzburg. 1818. 4o.
Scoresby. Account of the Arctic regions. Edinburgh. 1820. 2 Vol. 8vo.

Seidewitz. Höhenmessungen in Mechlenburg. (Mechlenburgischer Stats-kalender. 1817).
Shuckburgh, G. Observations made in Savoy of mountains by meant of the Barometer, being on examination of Mr. de Luc's rules. London. 1777. 4to.
.... Philosophical Transactions. 67me Vol.
— Ueber die Höhe des Actna (Samlungen zur Physik und Naturgeschichte. 1r Band).
Siebenhaar. (Hertha, 9me Vol.)
Silberschlag. (Miltenberg).
Smith, Ch. Iagttagelser paa en Fodreise i Norge 1812. (Topographisk-statistiske Samlinger. 2det Bind).
Smith, C. A combined view of the principal mountains (Bruguiére).
Smyth, W. H. Sicily and its islands. London. 1824. 4to.
Société de Géographie à Paris. Recueil de Voyages et de Mémoires.
Spallanzani, L. Viaggi alle due Sicilie. Traduit en allemand sous le titre; Reisen in beiden Sicilien. 5 Vol. Leipzig. 1793-96. 8vo.
Steffens, H. Beiträge zur physikalischen Geographie der skandinavischen Halbinsel. (Hertha 1828).
Steininger. Gebirgskarte der Länder zwischen dem Rheine und der Maas. Maynz. 1822.
— Neue Beiträge zur Geschichte der rheinischen Vulkane. Maynz. 1821. 8vo.
Sternberg, C. v. Reise in den rhetischen Alpen 1804. Nürnb. 1806. 8vo.
Strangways, W. T. H. F. Geological Sketch of the Environs of Petersburg (geological Transactions. 5me Vol. 1821).
— Outline of the Geology of Russia. (Geological Transactions, Second Series, 1r Vol. 1822).
Struve. Opérations trigonometriques de la mesure de dégré en Lieflande (astronom. Nachrichten, 7me Vol. Hertha, 12me Vol.)
Studer, B. Beyträge zu einer Monographie der Molasse. Bern. 1825. 8vo.
Svanberg. (Bisingers Profiler).
Sydow, A. v. Bemerkungen auf eine Reise im Jahre 1827 über Krakau nach den Central-Karpathen. Berlin. 1830. gr. 8vo. (Berghaus Annalen, 2me Vol.)

T.

Tenore, M. Essai sur la géographie physique et botanique du Royaume de Naples. Naples 1827. 8vo.
Thalacker. Observationes geognosticas en su Viage de Madrid a Teruel (Anales de Historia natural. Nr. 6.)
Thiébaud de Bernaud, Arsenne. Voyage à l'isle d'Elbe. Paris. 1808. 8vo.
Thomas. (K. W. Nose; Hertha, 12me Vol.)

Thomson. Travels in Sweden (Bruguière).
Thury, Héricart de. (Journal de physique. Tome 65).
Tidsskrift for Naturvidenskaben. Kjöbenhavn 1822. 8vo.
Topografia della province di Sondrio. Milano, 1825.
Topographisk-statistiske Samlinger. Christiania, 1812. 8vo.
Tralles, J. G. Bestimmung der Höhen der bekanntern Berge des Canton Bern. Bern, 1790. 8vo.
Tranchot. (Annuaire du Département de la Corse, 1829).
Trechsel. (Monographie der Molasse von Studer).
Triesnecker. (Bruguière).
Thübinger Blätter für Naturwissenschaft und Arzeneikunde, von J. H. F. Autenrieth und J. G. F. v. Bohnenberger, 1815-18. Tubingen. 8vo.
Törnsteen. (Miltenberg).

U.

Ulprecht, E. (Voyez Engelhardt).
Ulrich, C. F. Situationskarte von den Rhein-, Main- und Lahngegenden. Darmstadt, 1822. (Les points nivelés sont dus au professeur Schmidt de Giessen).
Vec. Andr. d' Système géologique (traduit en allemand, et publié à Weimar. 1830. 8vo.)

V.

Veltmann. (Berghaus Annalen 1r Vol.; Hertha 9me Vol.)
Vessel, C. & O. C. Vessel. Opérations trigonométriques en Danemark, sous la direction de la Société des sciences à Copenhague. 1769, &c. Manuscrit.
Vierthaler. (Miltenberg).
Villefosse, Héron de. De la richesse minérale. Paris, 1819. 3 Vol. 4to. Atlas Fol. (Miltenberg).
Villeneuve, Perny de. Description de l'isle de Corse (Esprit des Journaux, 1791. Voyez aussi Bruguière, Reuss, &c.)
Villeneuve. Statistique du Département des bouches du Rhône. Marseille, 1821. 4to.
Vincent. Nivellement des environs de Constantinople, sous la direction du Général Andréossy. (Voyez Bruguière).
Viallet. Mémoire sur les routes dans le Département de la Lozère. Mende, 1828.
Visconti. (Tenore).
Voigt. (Miltenberg; Bruguière).

W.

Wahlenberg, G. Berättelse om Mätninger och Observationer for at bestemme Lappska Fiällans Höjd. Stockholm, 1808. 4to.
— Tentamen de Vegetatione & climate Helvetiæ septentrionalis. Turici, 1815. 8vo.
— Flora Carpathorum principalium. Göttingæ, 1814. 8vo.
Walcher. Nachricht von den tyroler Eisbergen. Wien, 1773. 8vo.
Waldstein, F. & P. Kitaibel. Plantae rariores Hungariae indigenae, descriptae et iconibus illustratae. Wien, Schaumburg. 1800-10. Decas 1-10. fol. maj.
Weaver Th. Memoir on the geological Relations of the East of Irland (Geological Transactions. 5me Vol. 1819).
Weiss. Atlas de la Suise. 18 feuilles. Bâle.
Weiss, F. Karte vom Kanton Bern. 1830. (Kritischer Wegweiser. 5me Vol.)
Weiss, F. Karte der europæischen Türkei. Wien 1829. (Voyez aussi Kritisch. Wegweiser 5me Vol.)
Welden, H. L. v. Monographie des Monte-Rosa. Wien. 1824. 8vo (aussi Hertha 1r Vol.)
Wetlesen. Nivellement trigonométrique en Islande, 1807-14. Manuscrit.
Wiemann. (Hertha 11me Vol; Odeleben).
Wiére. Nivellement des Kantons Friburg. (Bibl. univ. Sciences & Arts 1830. Kritisch. Wegw. 2me Vol.)
Wild. (Tübinger Blätter 1r Vol. Hertha 1r Vol.)
Windgassen. (Hertha 6me Vol.)
Winkler. (Hertha 5me Vol.)
Winsh. Essay on the geographical distribution of plants through the counties of Northumberland &c. Newcastle. 1819. 8vo.
Wolf. (Hertha 1r Vol.)
Wollaston. (Bruguière).
Wrede. (Berghaus Annalen. 2me Vol.)
Wucherer. (Benzenberg. Hertha 1r Vol.)
Wutzke. (Berghaus Annalen. 2me Vol.)

Y.

Young. (Bruguière).

Z.

Zach, v. Allgemeine geographische Ephemeriden. A. G. E.
— Monathliche Correspondenz.

Zach, v. Correspondence astronomique.
Sobel & v. Carnall. Zusammenstellung gemessener Höhenpunkte im Riesengebirge, &c. (Karstens Archiv. 4me Vol.)
Zumstein. (Berghaus Annalen 1r Vol.)
Zöllner, (Miltenberg).

Ö.

Örsted, H. C. & Esmarch. L. Beretning om en Undersögelse over Bornholms Mineralrige. Kjöbenhavn. 1849. 8vo.
Ösfeld. (Hertha 11me Vol.)

Outre les matériaux ci-dessus mentionnés, je me suis servi aussi des meilleures cartes topographiques, et des plus récentes, que j'ai pu me procurer dans cette Capitale.

F I N.